Collection : Learning by doing, le monde sous toutes ses formes.

I0480984

Un monde connecté

Charles Perez
&
Karina Sokolova

Créer un objet connecté avec Arduino et Blynk

TABLE DES MATIÈRES

Un monde connecté

1 INTRODUCTION

Ce petit livret d'apprentissage vous entraine dans le monde des objets connectés. Il ne nécessite aucun prérequis technique et vous accompagne pas à pas vers la création de votre propre station météo à fabriquer entièrement vous-même. Nous estimons le temps d'investissement nécessaire à la réalisation de ce projet à une quinzaine d'heures.

Les modules Arduino Uno et MKR1010 qui sont utilisés dans ce livret vous permettront de prendre en main les bases de l'électronique et de la programmation de manière simple et didactique. Des QR-codes sont proposés tout au long de l'ouvrage afin de vous guider dans les étapes les plus difficiles et de compléter votre apprentissage avec des ressources utiles.

Vous découvrirez comment piloter un ensemble de diodes électroluminescentes (LEDs), comment lire les données d'un capteur de température et d'humidité. Mais aussi, le fonctionnement d'un écran LCD, d'un afficheur sept segments.

Vous apprendrez à programmer en utilisant les variables, les librairies et les structures de contrôle. Une prise en main de la solution Blynk est proposée pour connecter votre module au WiFi et le rendre contrôlable avec une application mobile. Le stockage de données dans une base MySql est proposé aux plus initiés.

Nous vous conseillons de préparer un espace de travail confortable et assez large afin de pouvoir positionner vos montages électroniques, votre livret et votre machine. Prenez votre temps à chaque étape afin d'éviter les erreurs et de bien comprendre le principe de fonctionnement des composants que vous manipulez.

Ce livret vous accompagne jusqu'à la réalisation d'une application mobile permettant de contrôler votre station météo connectée.

Nous vous souhaitons un bon apprentissage !

Un monde connecté

2 DÉCOUVRIR LE MATÉRIEL

Le but de cette section est d'apprendre les bases de l'utilisation du module Arduino et des composants électroniques les plus courants. Dans cette première partie, vous apprendrez à configurer Arduino pour contrôler un ensemble de diodes électroluminescentes (LEDs).

Voici la liste du matériel requis pour débuter.

Composants	Photos	Schémas
Module Arduino		
LEDs		
Breadboard		
Cables		—

Suite du matériel

Composants	Photos	Schémas
Afficheur 7 segments		
Résistances		

Vérifiez que vous disposez de tout le matériel requis. Notez qu'il existe une panoplie de cartes qui sont compatibles avec Arduino et souvent à des tarifs inférieurs aux cartes officielles. Vous découvrirez la liste exhaustive en flashant le QR-code.

Prise de notes

Description de la carte Arduino

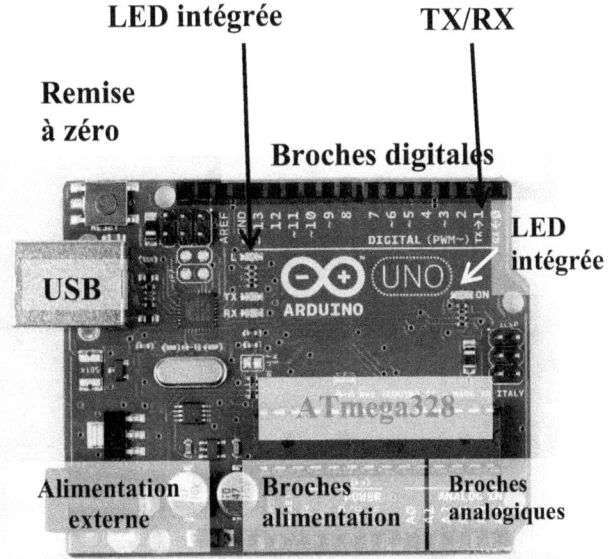

Figure 1 : Carte Arduino

La carte Arduino Uno (voir figure 1) s'appuie sur un **microcontrôleur**, l'ATmega328. Il s'agit du « cerveau » de la carte agissant comme un ordinateur miniature avec un processeur, des mémoires et des périphériques d'entrées/sorties. L'interface **USB** est utilisée pour connecter la carte Arduino à votre ordinateur afin d'alimenter et de programmer le microcontrôleur. Comme l'USB fournit une alimentation électrique (3,3 volts), vous n'avez pas besoin d'une alimentation externe lorsque vous programmez le module. Cependant, lorsque votre objet est prêt vous pouvez utiliser une source d'alimentation externe (une pile 9 volts par exemple) pour rendre votre objet mobile et le déplacer où vous le souhaitez. Une **LED** est directement intégrée à la carte. Elle peut être utilisée en programmant le module. Enfin, des broches numérotées sont disponibles en haut et en bas de cette carte.

Celles-ci permettent de connecter via des câbles, les composants que vous souhaitez utiliser avec le microcontrôleur.

Dans ce tutoriel, vous utiliserez l'interface USB, les broches numériques et les broches d'alimentation 5V et GND (0V).

Prise de notes

3 DÉCOUVRIR LE LOGICIEL ARDUINO

3.1 Installation du logiciel

La première étape consiste à utiliser le logiciel Arduino pour **programmer** le microcontrôleur et allumer une LED. Le programme doit pour cela mettre en place un niveau de tension HAUT sur la broche connectée à la LED afin de l'allumer et un niveau de tension BAS afin de l'éteindre.

 Vous aurez besoin d'un ordinateur avec le logiciel Arduino installé. Vous pouvez trouver le logiciel et les instructions d'installation sur le site officiel : https://www.arduino.cc/en/Main/Software

Installez le logiciel Arduino et connectez la carte via USB pour configurer la communication

Vous aurez à cette occasion peut être besoin de pilotes supplémentaires pour configurer la connexion entre l'Arduino et votre ordinateur. Si les pilotes ne sont pas installés, consultez la section des pilotes aux adresses ci-dessous :

https://www.arduino.cc/en/Guide/Windows
https://www.arduino.cc/en/Guide/MacOSX

Lors du premier branchement, il est possible que le logiciel vous propose des mises à jour adaptées par rapport à votre type de carte. Il peut aussi proposer l'installation de drivers dédiés pour votre matériel. Pour vous éviter une installation manuelle, acceptez ces téléchargements et mises à jour.

Un monde connecté

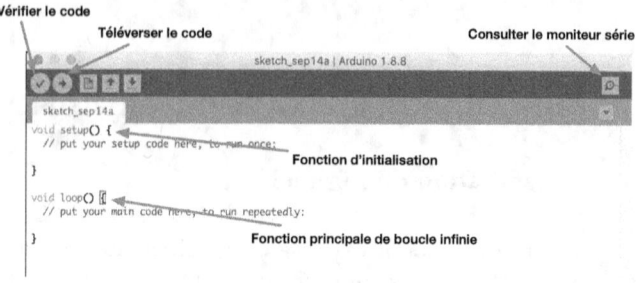

Fenêtre de code de votre projet

Le logiciel est très simple à utiliser. L'interface graphique est épurée avec un nombre limité de fonctionnalités.

La **zone d'esquisse** contient le code que vous allez écrire ou copier et qui sera transféré vers le microcontrôleur.

Le **bouton de vérification** permet de vérifier si le code est correct et peut être compris par le microcontrôleur. Si c'est le cas, vous pourrez alors le téléverser. Dans le cas contraire, vous avez des erreurs syntaxiques dans votre code.

Le **bouton de téléversement** chargera les instructions sur le microcontrôleur.

Le **champ d'affichage** de l'état (en bas de l'écran) contient l'état actuel et les messages d'erreur (le code ne peut pas être téléversé, des erreurs existent dans le code, etc.).

Configurez le type de carte comme indiqué dans l'image ci-dessous (`Tools > Board> Arduino Uno`)

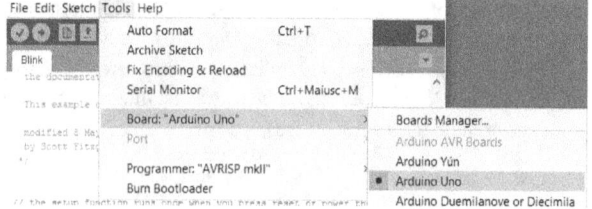

Sélectionnez le bon port série (par exemple usbserial ou COM3-4-5 dans `Outil > Port`)

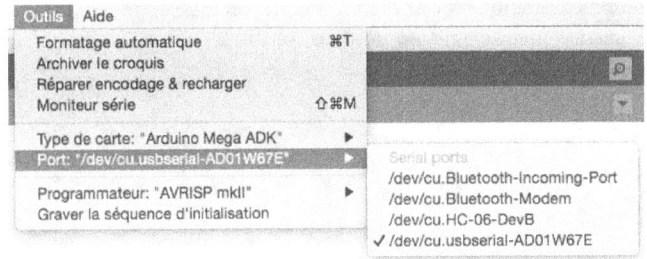

Vous êtes désormais prêt pour créer votre premier programme Arduino.

Depuis quelques années, il est désormais possible de programmer votre module Arduino depuis un créateur en ligne. Si vous disposez d'une connexion internet stable, cette alternative est intéressante. https://create.arduino.cc/editor

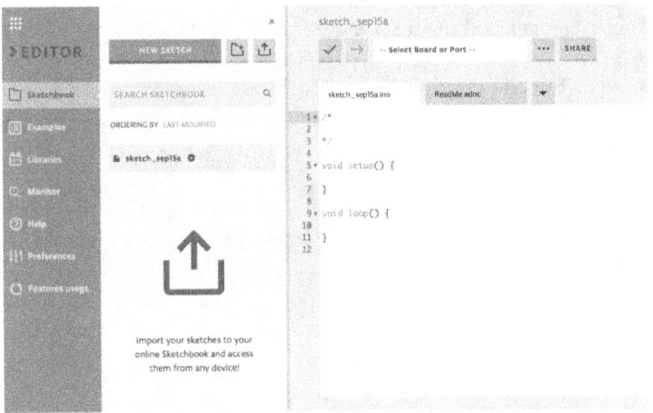

L'interface en question est similaire à la version téléchargeable. Elle présente l'avantage cependant, de ne pas nécessiter de mises à jour et de rendre vos sketchs disponibles depuis n'importe quelle machine.

3.2   Votre premier code Arduino

La zone d'esquisse contient des instructions (code) pour les actions que le microcontrôleur doit effectuer. Le code Arduino est nécessairement composé de deux sections principales (appelées fonctions) indiquées ci-dessous :

```
void setup()
{
        // Code d'initialisation
}

void loop()
{
        // Code principal de la boucle
}
```

Testez ce code vide dans une zone d'esquisse et vérifiez s'il est valide.

Le symbole // signifie que la ligne est un **commentaire** et sera omise lors de la vérification de la validité du code (elle ne sera pas prise en compte). Les commentaires sont utilisés pour augmenter la clarté et la lisibilité du code que vous écrivez.

La fonction de configuration (setup) est le point de départ du programme qui est utilisé pour l'initialisation. Elle n'est exécutée qu'**une seule fois**.

C'est par exemple dans cette fonction d'initialisation que nous indiquerons les broches du microcontrôleur qui seront utilisées par le programme.

Chaque broche du microcontrôleur est désignée par un numéro que vous pouvez lire sur la carte.

Ici, nous pouvons par exemple indiquer que la broche numéro 13 du microcontrôleur sera utilisée afin **d'envoyer** un signal électrique. Il s'agit de pouvoir allumer une LED.

```
pinMode(13,OUTPUT);
```

Pour tester votre programme sans avoir à connecter de LED au module, nous utilisons la broche 13. En effet, celle-ci correspond à la LED directement intégrée sur le module Arduino Uno (voir figure 1 si nécessaire pour la localiser).

Dans un autre projet, on pourrait aussi **lire** des données sur une broche pour par exemple, récupérer la température d'une pièce grâce à un capteur connecté sur une broche spécifique. Il faudrait alors indiquer INPUT.

```
void setup()
{
     pinMode(13,OUTPUT); // Broche #13 en écriture
}
```

 L'instruction `pinMode(N,OUPUT);` indique au microcontrôleur que nous allons travailler avec la broche numéro N et que nous visons à configurer une tension de sortie sur la broche.

L'instruction `pinMode(N,INPUT);` indique au microcontrôleur que nous allons lire des données sur la broche numéro N.

Nous notons que chaque instruction se termine par un point-virgule. Toutefois, la première ligne du programme void setup() ne contient pas de point-virgule, car il s'agit d'une fonction. Il en sera de même avec les structures de contrôle que nous verrons plus tard.

À ce stade, lors du chargement du programme rien ne se passe. En fait, nous n'avons pas encore indiqué si la broche devait être réglée sur 5 Volts ou 0 Volt. Chaque broche du microcontrôleur peut être configurée à des niveaux BAS ou HAUT. Généralement LOW se réfère à 0 Volt et HIGH à 5 Volts ou 3,3 Volts.

Nous allons donc compléter le programme avec cette instruction dans la fonction de boucle. Cette dernière permet au programme de répéter constamment les instructions qu'il contient. La boucle est exécutée juste après la fonction d'initialisation.

Pour allumer la LED, nous ajoutons l'instruction suivante dans la boucle.

```
digitalWrite(13, HIGH);
```

Celle-ci indique au microcontrôleur d'envoyer le signal HIGH (5V) sur la broche numéro 13. Chaque fois que vous souhaitez éteindre la LED, écrivez à la place LOW.

```
void setup()
{
      pinMode(13,OUTPUT); // Broche #13 en écriture
}

void loop()
{
      digitalWrite(13,HIGH); // Broche #13 à 5 Volts

}
```

Vérifiez et téléversez le code sur le module. Vérifiez que le voyant s'allume correctement. Changez HIGH en LOW et vérifiez que la LED s'éteint.

En fonction de votre type de carte, il est possible que la LED intégrée ne soit pas associée à la borne 13. Dans ce cas, utiliser à la place du code 13, la valeur LED_BUILTIN.

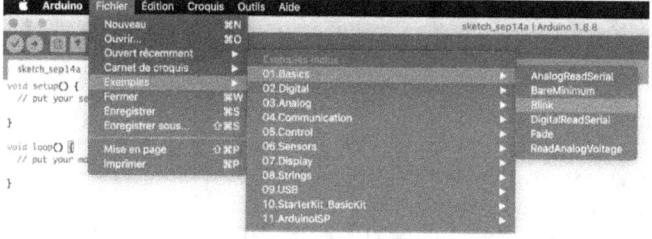

Pour aller plus loin dans votre compréhension du langage Arduino, vous pouvez ouvrir de nombreux exemples d'esquisses. Par exemple pour faire clignoter la Led - `Fichier> Exemples> 01.Basics> Blink`. Essayez de comprendre le code avant de le téléverser.

Voici le programme pour faire clignoter une LED. Le flux d'exécution est représenté à gauche.

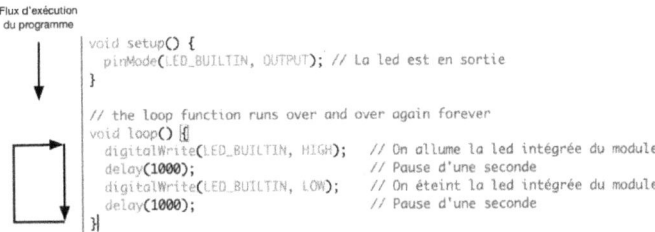

Flux d'exécution
du programme

```
void setup() {
    pinMode(LED_BUILTIN, OUTPUT); // La led est en sortie
}

// the loop function runs over and over again forever
void loop() {
    digitalWrite(LED_BUILTIN, HIGH);    // On allume la led intégrée du module
    delay(1000);                        // Pause d'une seconde
    digitalWrite(LED_BUILTIN, LOW);     // On éteint la led intégrée du module
    delay(1000);                        // Pause d'une seconde
}
```

Le flux d'exécution permet de définir la broche 13 (LED_BUILTIN) en sortie. Ensuite, celle-ci est allumée puis une pause d'une seconde est effectuée pour ensuite l'éteindre. La boucle de la fonction *loop* permet d'assurer ce cycle de manière continue.

Exécutez le code sur le module et vérifiez que la LED du module clignote.

Important : En cas de problème de connexion à la carte, vérifiez que le câble utilisé soit un câble de transmission de données. Certains câbles du marché ne sont que des câbles de recharge et ne permettent pas de transmettre les données entre le module et votre ordinateur. Essayez donc de changer de câble, puis vérifiez que le port utilisé et le type de carte soit correctement spécifiés.

Prise de notes

Prise de notes

4 LEDS CLIGNOTANTES ET LES FONCTIONS

Pour votre premier projet, voici les étapes clés à suivre.

- ☐ Câblage des LEDs avec le module
- ☐ Écriture du programme du microcontrôleur
- ☐ Connexion de l'Arduino et téléchargement du code sur le microcontrôleur
- ☐ Exécution du programme

Afin d'indiquer votre progression, vous pourrez cocher les cases au fur et à mesure de votre avancement.

4.1 Le schéma de câblage

La première partie du projet consiste à mettre en place une broche du microcontrôleur sur HIGH afin d'allumer une LED ("Light Emitting Diode") qui sera connectée à cette même broche via la breadboard.

Les LED n'ont que deux bornes : une **anode** et une **cathode** tel qu'indiqué ci-dessous. Ce composant appartient à la famille des dipôles. L'anode est plus longue que la cathode ce qui permet de la distinguer.

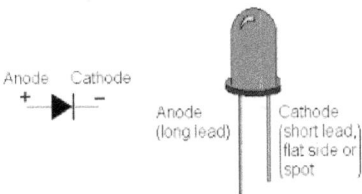

Figure 2: Comportement d'une LED

Dans une utilisation normale (appelée polarisation), la tension à l'anode doit être supérieure à la tension à la cathode (comme indiqué sur la figure 2) : dans une telle configuration, la LED émet de la lumière. Si la LED est positionnée à l'envers alors celle-ci ne produira pas de lumière même si votre programme est correct.

Une LED a une tension directe spécifique (tension où elle fonctionne correctement) qui est indiquée sur sa fiche technique. En consultant la fiche technique, vous constaterez qu'elle est généralement comprise entre 1,2V et 1,8V (sauf pour la LED bleue 3,2V). Son courant associé est habituellement de 20mA. Étant donné que l'état HIGH du Arduino fournit une tension de 5V (500ma), la LED ne peut pas être directement connectée aux signaux 5V et à la terre (état LOW). Cela risquerait d'endommager la LED !

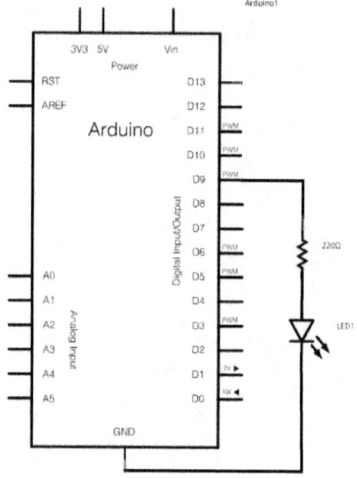

Figure 3 : Circuit électronique du montage de la LED

Pour résoudre ce problème, il faut utiliser un composant capable de réduire l'intensité et la tension du courant : une résistance. La **résistance** est un composant électrique qui limite ou régule le flux de courant électrique dans un circuit électronique. Le courant traversant une résistance (I) est inversement proportionnel à sa résistance (R) et directement proportionnel à la tension à travers elle (U).

C'est la célèbre Loi d'Ohm : $U = R * I$.

Une résistance sera donc câblée en série (l'une après l'autre) avec la LED afin de réduire le courant. Une résistance de 220 Ohms (minimum recommandé) sera suffisante dans notre cas.

La figure 3 montre le schéma de câblage d'une LED au microcontrôleur via la broche 9. Nous avons effectué ce choix de manière arbitraire. Vous pouvez décider de la broche de votre choix, mais pensez alors à ajuster votre code en conséquence.

Notez que les composants (une résistance et une LED) sont connectés via une breadboard. La **breadboard** est un support qui permet de connecter des composants entre eux et de créer des circuits sans avoir à effectuer de soudures.

Fonctionnement d'une breadboard

En analysant le diagramme de la figure 4, nous observons que la broche numéro 9 du microcontrôleur est connectée à la résistance qui est elle-même connectée à l'anode de la LED (sur la même colonne). La cathode de la LED est, quant à elle, reliée à une broche de masse (GND appelé Ground). Le 5V et la masse (GND – 0 Volt) sont connectés aux extrémités de la breadboard.

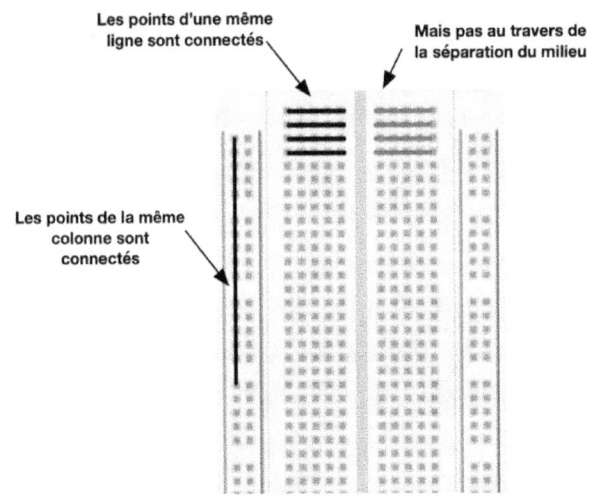

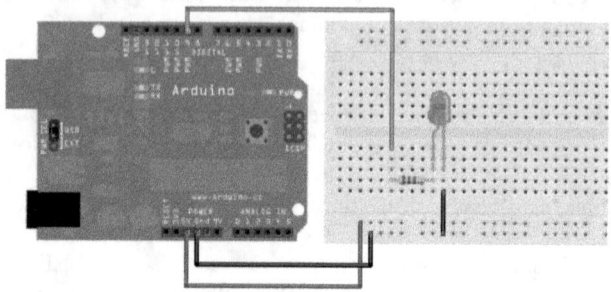

Figure 4 : Montage du circuit avec la breadboard

Point de vigilance

Par convention, le signal de 0 Volt est représenté par la couleur noire et est noté GND, ce qui signifie "ground" (également appelé masse ou terre). Lorsque vous voyez le symbole '-' sur un composant électronique, cela signifie que la broche correspondante doit être reliée à la masse. Attention : une broche laissée en l'air n'est pas équivalente à une broche connectée à la masse. Il est recommandé d'utiliser un câble de couleur sombre ou noire pour relier un composant à la masse.

Le signal de tension positive (3,3V ou 5V) est généralement représenté par la couleur rouge et est souvent noté Vin sur les modules. Une broche portant le symbole '+' indique qu'elle doit être reliée à la tension positive Vin du module, ce qui correspond à la broche d'alimentation. Il est conseillé d'utiliser un câble de couleur vive, comme le rouge, pour relier un composant à la tension positive. Le code couleur facilite la lecture du câblage et permet un débogage plus efficace.

Il est important d'effectuer le câblage sur une carte **non alimentée** (déconnectée de toutes les sources d'énergie). Vérifiez vos câblages chaque fois avant de brancher le module Arduino. Une fois alimentée, rien ne doit se passer, la LED va rester éteinte, car le microcontrôleur ne lui a encore transmis aucune instruction.

Complément facultatif : Calculer la valeur de la résistance appropriée pour câbler votre LED

Il s'agit ici de mettre en place un courant et une tension adaptés au fonctionnement de la LED et au type de carte électronique dont vous disposez.

Prenons un exemple avec un courant de **20 mA** et une tension nécessaire à une LED de **1,5 V**. La carte électronique fournit une tension de **5 Volts**.

La tension aux bornes de la résistance (Ur) doit être égale à :

$$Ur = 5V\ (alimentation) - 1,5V\ (nécessaire\ pour\ la\ LED) = 3,5V$$

Pour identifier la bonne valeur de la résistance, nous pouvons utiliser la loi d'Ohm :

$$U = R * I$$

Ainsi,

$$R = U / I = 3,5 / 0,02 = 175\ Ohms$$

Dans le cas du microcontrôleur ATmega328, l'intensité maximum disponible pour la sortie **3.3 Volts** (c'est-à-dire via un câblage USB sur la machine) est de **50 mA**.

Une LED ayant besoin de **1,5 Volt** pour son mode de fonctionnement normal, calculez la valeur de la résistance requise.

La tension au niveau de la résistance doit être égale à :

$$Ur = \_\_\_\ (alimentation) - \_\_\_\ (nécessaire\ pour\ la\ LED)$$

Pour identifier la bonne résistance, nous pouvons utiliser la loi d'Ohm :

$$U = R * I$$

Ainsi :

$$R = U / I = \underline{\quad} / \underline{\quad} = \underline{\quad} \, Ohms$$

4.2 Le programme

Le programme est une adaptation du code de la section précédente. À la place de la LED intégrée (broche 13), on va cette fois-ci indiquer le numéro de la broche du microcontrôleur à laquelle est attachée la LED. Ici, la broche numéro 9.

```
void setup() {
  pinMode(9, OUTPUT); // La LED est en sortie
}

// Boucle infinie
void loop() {
  digitalWrite(9, HIGH); // On allume la LED 9
  delay(1000);  // Pause d'une seconde
  digitalWrite(9, LOW);  // On éteint la LED 9
  delay(1000); // Pause d'une seconde
}
```

Vérifiez que tout fonctionne. En cas de problème, vous pouvez vous référer aux points suivants :

☐ Le code comporte les instructions pinMode et digitalWrite.

☐ Vérifiez le câblage et l'état de la LED en utilisant V_{in} à la place de la broche du microcontrôleur. Si elle ne s'allume pas, elle est endommagée ou positionnée à l'envers.

☐ Le programme n'est pas correctement chargé. Vérifiez la connexion avec le module, le type de carte et le port utilisé.

4.3   Pour aller plus loin, les fonctions

 **Action :** Préparez le circuit nécessaire et ajustez votre code pour contrôler cette fois-ci un ensemble de LEDs.

Afin d'optimiser le code, il peut être nécessaire de faire appel à des **fonctions**. Lorsque vous êtes emmené à répéter une même opération à de multiples reprises, il est suggéré d'utiliser les **fonctions**. Celles-ci sont des instructions qui sont encadrées par des guillemets et un entête. En utilisant le nom de la fonction, l'ensemble des instructions qu'elle contient s'exécute.

La fonction **clignote** décrite ci-dessous possède deux paramètres ou arguments. Le premier est le numéro de la broche correspondant à la LED et le second est le temps d'allumage. Les deux sont représentés par des chiffres entiers (int pour integer).

```
void clignote(int broche, int duree)
{
  digitalWrite(broche, HIGH);      // Allumer
  delay(duree);
  digitalWrite(broche, LOW);       // Eteindre
  delay(duree);
}
```

Pour faire clignoter les 4 LEDs les unes après les autres, (positionnées sur les broches 1 à 4 pendant 1 seconde), on aura le choix entre :

```
digitalWrite(1, HIGH);      // Allumer la LED 1
delay(1000);
digitalWrite(1, LOW);       // Eteindre la LED 1
```

```
digitalWrite(2, HIGH);      // Allumer la LED 2
delay(1000);
digitalWrite(2, LOW);       // Eteindre la LED 2

digitalWrite(3, HIGH);      // Allumer la LED 3
delay(1000);
digitalWrite(3, LOW);       // Eteindre la LED 3

digitalWrite(4, HIGH);      // Allumer la LED 4
delay(1000);
digitalWrite(4, LOW);       // Eteindre la LED 4
```

Et le code suivant beaucoup plus court :

```
clignote(1,1000);
clignote(2,1000);
clignote(3,1000);
clignote(4,1000);
```

En tant que programmeur, c'est à vous de décider quand il est préférable d'utiliser une fonction. En règle générale, si le code contenu dans la boucle principale est très long, il est alors recommandé d'utiliser une ou plusieurs fonctions. Vous notez que **setup** et **loop** sont des fonctions un peu particulières.

Testez la fonction pour piloter un ensemble de LEDs que vous aurez préalablement connectées à la carte.

En cas de problème, vérifiez que les broches sont toutes déclarées en mode output et que les leds sont dans le bon sens.

Prise de notes

26

5 AFFICHEUR SEPT SEGMENTS ET LES LIBRAIRIES

Vous avez peut-être déjà vu des afficheurs sept segments, par exemple dans les radios-réveils. Un tel composant n'est en fait qu'un ensemble de LED (une par segment) avec des formes allongées particulières permettant d'afficher les nombres de 1 à 9. Dans cette section, vous apprendrez comment afficher des numéros sur un tel composant.

 L'afficheur sept segments se dénomme digit en anglais. Le succès de ce type d'afficheur serait à l'origine du terme **digitalisation** que l'on retrouve dans l'expression transformation digitale.

5.1 Câblage du composant

Un afficheur à sept segments est composé de sept LEDs connectées ensemble avec une anode ou une cathode commune.

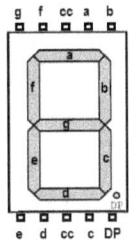

Le schéma ci-contre indique un afficheur à 7 segments avec des cathodes communes (cc). Dans cette hypothèse, pour éclairer un segment particulier, vous devez envoyer un signal de niveau HAUT à sa broche numérotée de a à g. Chaque broche correspond à un segment particulier (une LED particulière).

Un chiffre à sept segments est composé de sept LED connectées ensemble avec une anode ou une cathode commune. Afin d'afficher un « 0 », il faut régler chaque segment sauf le g sur un état HAUT. Pour afficher « 1 », les segments b et c doivent être HAUT et tous les autres doivent être bas. Comme chaque segment équivaut à une LED, des résistances doivent être connectées à chaque broche

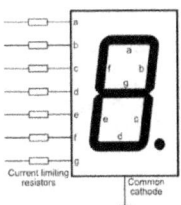

correspondant à une anode. La cathode commune peut être connectée à la terre (GND).

Voici les pins auxquelles seront connectées les 9 broches de l'afficheur.

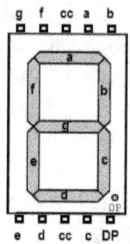

Segment a	pin 2
Segment b	pin 3
Segment c	pin 4
Segment d	pin 5
Segment e	pin 6
Segment f	pin 7
Segment g	pin 8
Segment dp (digital point)	pin 9

Afin de ne pas court-circuiter les bornes de l'afficheur en utilisant une breadboard, il est nécessaire de le positionner à cheval entre les deux sections (haut et bas) comme indiqué sur la figure ci-dessous.

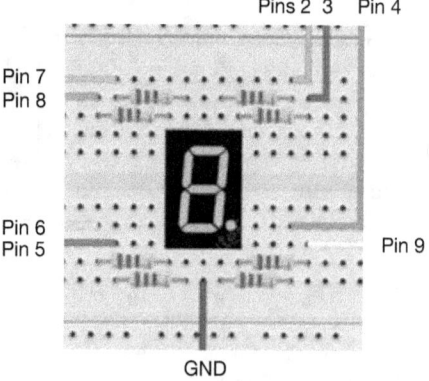

Action : Connectez l'afficheur 7 segments au module Arduino. N'oubliez pas les résistances ! Suivez le tableau de cette page.

Configuration requise pour afficher le chiffre 4

Segment a	LOW
Segment b	HIGH
Segment c	HIGH
Segment d	LOW
Segment e	LOW
Segment f	HIGH
Segment g	HIGH
Segment dp	LOW

Indiquer la configuration requise pour afficher le chiffre 7, dessinez les segments en question sur l'afficheur.

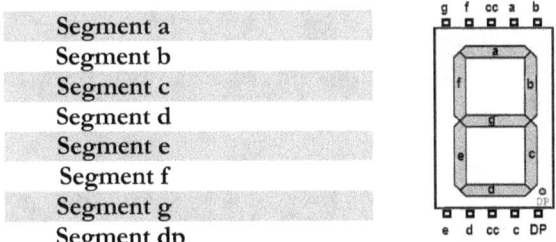

Segment a	
Segment b	
Segment c	
Segment d	
Segment e	
Segment f	
Segment g	
Segment dp	

5.2 Programme

Nous allons d'abord identifier chaque numéro de broche avec un segment donné. Pour cela, nous utiliserons des constantes comme indiqué sur la page suivante. Une **constante** permet de manipuler un nom au lieu d'une valeur donnée. Cela augmente la lisibilité du code.

Par exemple, pour allumer uniquement le segment a, voici la démarche à suivre.

```
/* La broche numéro 2 s'appellera désormais segment_a.
Cela facilitera la lecture du reste du code.
*/
const int segment_a = 2;

void setup()
{
        pinMode(segment_a,OUTPUT);
}

void loop()
{
        digitalWrite(segment_a,HIGH);
}
```

Nous allons maintenant écrire un code complet pour afficher le nombre « 0 ». Essayez ensuite d'afficher d'autres chiffres.

```
const int segment_a = 2;
const int segment_b = 3;
const int segment_c = 4;
const int segment_d = 5;
const int segment_e = 6;
const int segment_f = 7;
const int segment_g = 8;
const int segment_dd = 9;
void setup()
{
        pinMode(segment_a,OUTPUT);
        pinMode(segment_b,OUTPUT);
        pinMode(segment_c,OUTPUT);
        pinMode(segment_d,OUTPUT);
        pinMode(segment_e,OUTPUT);
        pinMode(segment_f,OUTPUT);
        pinMode(segment_g,OUTPUT);
        pinMode(segment_dd,OUTPUT);
}
void loop()
{
        digitalWrite(segment_a,HIGH);
        digitalWrite(segment_b,HIGH);
        digitalWrite(segment_c,HIGH);
        digitalWrite(segment_d,HIGH);
        digitalWrite(segment_e,HIGH);
        digitalWrite(segment_f,HIGH);
        digitalWrite(segment_g,LOW);
        digitalWrite(segment_dd,LOW);
}
```

5.3   Utiliser une bibliothèque

L'écriture d'un code complet pour afficher chaque chiffre peut être une tâche longue. De plus, il est très probable que quelqu'un ait déjà fait face au même besoin. Pour gagner du temps et économiser vos efforts, des bibliothèques (fonctions déjà développées) peuvent être utilisées pour faciliter le travail avec certains composants. Dans cette section, nous verrons comment installer, importer et utiliser une bibliothèque pour afficher le chiffre souhaité avec notre afficheur 7 segments.

Vous trouverez les détails de la bibliothèque sept segments sur le site suivant.

http://playground.arduino.cc/Main/SevenSegmentLibrary

Les bibliothèques sont des programmes qui ont été écrits pour produire des tâches élémentaires souvent nécessaires. La librairie `SevenSegment` fournit une solution pour utiliser facilement un composant à sept segments.

Avant d'utiliser la bibliothèque, vous devez l'installer. À cette fin, vous avez deux options :

1.   Utiliser le gestionnaire déjà intégré dans le logiciel Arduino. Ainsi, vous pouvez consulter l'ensemble des bibliothèques disponibles depuis l'onglet `Outil->Gérer les bibliothèques`. Recherchez sevseg puis cliquez sur installer.

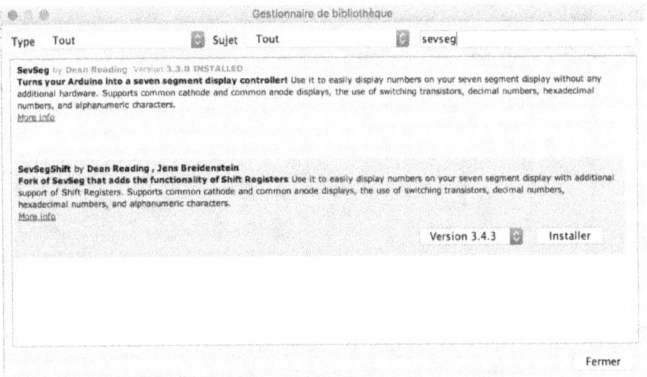

2. Télécharger vous-même le dossier SevSeg depuis le site et l'importer dans le logiciel. Onglet `Croquis-> Include library -> Add zip file.`

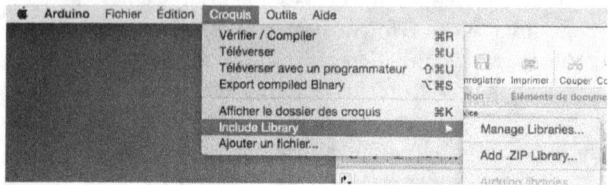

Si aucune librairie n'est disponible depuis le gestionnaire de bibliothèque, vous pouvez télécharger une bibliothèque sur des sites dédiés. Alors, vous devez utiliser l'option 2 pour l'installation. Des instructions plus détaillées sont disponibles en ligne :

http://arduino.cc/en/Guide/Libraries

Toute bibliothèque nécessitera les mêmes étapes pour l'installation. Avant de commencer à écrire du code pour manipuler un composant particulier, pensez aux bibliothèques existantes qui pourraient vous faciliter le travail !

À partir du logiciel Arduino, vous devez maintenant inclure la bibliothèque. Vous pouvez le faire via l'interface comme indiqué ci-dessous. Cliquez sur la `Croquis->Inclure une bibliothèque-> SevSeg` pour importer la bibliothèque de sept segments.

Prise de notes

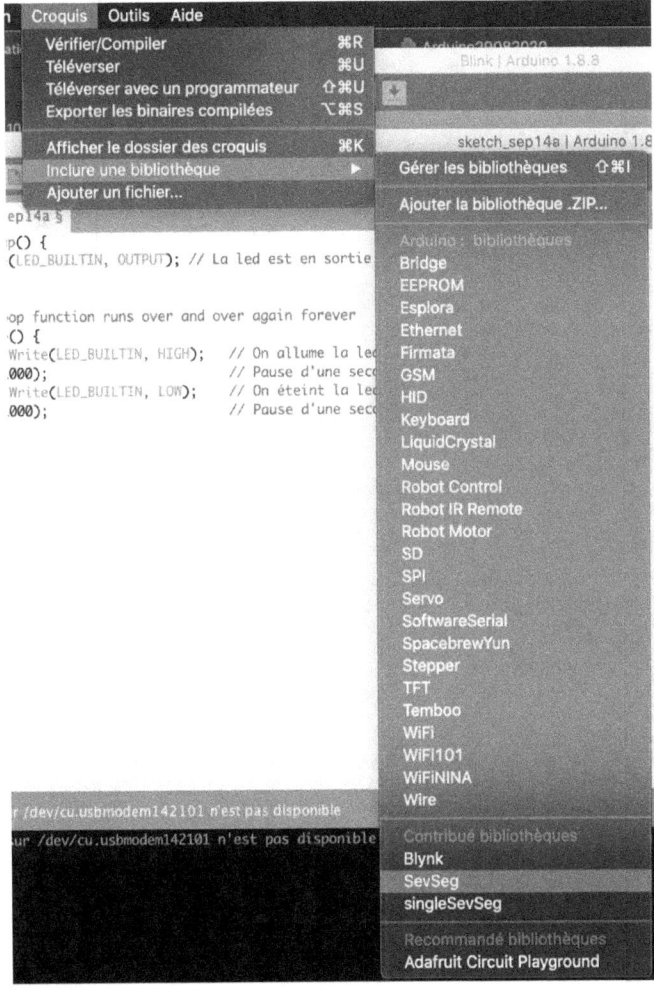

Cela aura pour effet d'inclure la ligne suivante en début de code.

```
#include "SevSeg.h"
```

Le début du code est le suivant.

```
// La ligne suivante indique que la bibliothèque sera
utilisée, elle est automatiquement incluse dans votre
esquisse lorsque vous accomplissez l'étape décrite
ci-dessus.
#include "SevSeg.h"
// Cette ligne nous permettra de manipuler les
fonctions du SevSeg en utilisant la variable sevseg.
SevSeg sevseg;

const int segment_a = 2;
const int segment_b = 3;
const int segment_c = 4;
const int segment_d = 5;
const int segment_e = 6;
const int segment_f = 7;
const int segment_g = 8;
const int segment_dd = 9;
```

La ligne de code qui apparait en haut de l'esquisse indique que vous allez travailler avec la bibliothèque SevSeg. La deuxième ligne donne un nom au composant (sevseg), cela permettra de manipuler le composant et d'accéder à ses services.

Important : Les broches anodes communes ou cathodes communes doivent désormais être reliées au microcontrôleur (broches 10 et 11) au lieu d'être positionnées à la masse.

Nous allons maintenant observer la fonction de configuration.

```
void setup() {
  byte numDigits = 1;
  byte digitPins[] = {10,11}; //attention au câblage

// Les cathodes ou anodes communes doivent être
indiquées ici et doivent être connectées au
microcontrôleur broches 10 et 11.

  byte segmentPins[] =
{segment_a,segment_b,segment_c,
segment_d,segment_e,segment_f,segment_g,segment_dd};

  sevseg.begin(COMMON_CATHODE, numDigits, digitPins,
segmentPins);
  sevseg.setBrightness(90);//La luminosité
}
```

La partie la plus importante de ce code est la ligne `sevseg.begin` qui utilise toutes les autres instructions supérieures. Elle fournit des informations sur le câblage. Ceci est requis par la bibliothèque afin d'interagir correctement avec le composant. Voici le détail de cette fonction **qui n'est pas à copier dans votre code**.

```
sevseg.begin(
COMMON_CATHODE,
// Le composant a-t-il des cathodes ou des anodes
communes.
numDigits,
// Est-ce un affichage à un seul chiffre ou à 4
chiffres
digitPins,
// Quelles broches correspondent à chaque chiffre, on
indique uniquement la broche commune des anodes ou
des cathodes.
segmentPins
// Les broches qui correspondent au segment de un au
point numérique.
);
```

Nous n'avons plus besoin que de deux lignes supplémentaires pour afficher un nombre donné dans la fonction de boucle de l'esquisse.

```
void loop() {

  sevseg.setNumber(8,0);
  sevseg.refreshDisplay();
}
```

`sevseg.setNumber(8,0);` indique d'afficher le nombre 8 avec 0 décimale (entier).

`sevseg.refreshDisplay();` est nécessaire pour envoyer le signal à afficher.

 **Action :** Testez le code et vérifiez que vous pouvez afficher correctement tous les chiffres.

Un monde connecté

6   VARIABLES

Pour continuer le projet précédent. Nous allons désormais créer un compteur capable d'afficher successivement toutes les valeurs de 0 à 9.

Pour cela, nous aurons besoin des variables et des structures de contrôle. Observez le code suivant, essayez de comprendre son fonctionnement.

```
#include "SevSeg.h"

SevSeg sevseg; // Déclaration du sept segments
float nombre=0;

void setup() {
  byte numDigits = 1;
  byte digitPins[] = {10,11};

  byte segmentPins[] =
{segment_a,segment_b,segment_c,
segment_d,segment_e,segment_f,segment_g,segment_dd};
  sevseg.begin(COMMON_CATHODE, numDigits, digitPins,
segmentPins);
  sevseg.setBrightness(90);
}

void loop() {
  nombre = nombre + 0.0001;
  sevseg.setNumber(nombre,0);
  if(nombre >9) nombre =0;
  sevseg.refreshDisplay();
}
```

Testez le code sur votre carte avant de répondre aux questions suivantes. À quoi sert nombre ? Nous dénommons ce type d'entité une variable, pour quelle raison selon vous ?

Que comprenez-vous de l'instruction suivante : `if(nombre >9) nombre=0;` À quoi sert-elle ?

Une **variable** est un élément d'un programme informatique permettant de mémoriser une valeur sous un nom dédié. On pourra ainsi utiliser l'emplacement mémoire associé tout au long du programme en utilisant le nom de la variable.

En fonction du format de valeur que vous souhaitez mémoriser, la variable sera associée à un **type**. Ce type est précisé au moment de la déclaration de la variable (texte, nombre entier, nombre décimal, etc.). Lors d'une **déclaration de variable**, le programme alloue un espace mémoire. Il est possible d'affecter une valeur à une variable lors de sa déclaration, mais cela n'est pas obligatoire.

Prenons le cas d'un nombre entier (sans décimales). En utilisant le type **int**, il y aura 2 octets alloués soit 18 bits de réservés pour l'entier. Les valeurs possibles seront situées dans le spectre de -32 768 à 32 767.

Lorsqu'une variable a été créée, sa valeur peut évoluer au cours de l'exécution du programme. Par exemple, la température d'une pièce mesurée par un capteur peut être mise à jour toutes les minutes. À chaque nouvelle mesure, la valeur associée sera modifiée.

Déclarer une variable signifie définir son type, son nom, et éventuellement, définir sa valeur initiale (initialiser la variable).

Déclaration avec initialisation

Voici le format général :

```
<type> nomdevariable = valeurinitiale ;
```

Et quelques exemples :

```
int nombre = 0 ;
float nombredecimal = 0.1 ;
```

Déclaration sans initialisation

Voici le format général :

```
<type> nomdevariable;
```

Et quelques exemples :

```
int nombre;
float nombredecimal;
```

Il est recommandé d'utiliser des noms de variables explicites afin de simplifier la lecture de votre programme. Les types de variables les plus couramment utilisés sont les suivants :

Type de variable	Type de valeur	Exemple
char	Un caractère	'a'
byte	Un octet	De 0 à 255
int	Un entier	-32 768 à 32 767
long	Un entier long	De -2 147 483 648 à 2 147 483 647
float	Un nombre décimal	De 3.4028235e38 à -3.4028235e38
String (Char [])	Une chaîne de caractères	char Str[] = "bonjour";

Observons à nouveau le code précédent :

```
1.  #include "SevSeg.h"

2.  SevSeg sevseg;
3.  float nombre=0;

4.  void setup() {
5.  //Initialisation ici
6.  }

7.  void loop() {
8.  nombre = nombre + 0.0001;
9.  sevseg.setNumber(nombre,0);
10. if(nombre >10) nombre =0;
11. sevseg.refreshDisplay();
12. }
```

La troisième ligne déclare une variable nombre qui est décimale en l'initialisant à zéro. Ensuite, dans la boucle plusieurs opérations sont effectuées en ligne 8 et 9.

La ligne 8 ajoute à la variable nombre, le contenu précédent de la variable auquel on ajoute 0.0001.

```
nombre = nombre + 0.0001;
```

Les opérateurs habituels peuvent être utilisés pour les opérations sur des valeurs numériques (+, -, *, /, %)

Les valeurs qui seront prises par la variable à chaque nouvelle boucle seront les suivantes :

0	0.0001	0. 0002	0. 0003	0. 0004	...

La ligne 9 permet de préciser à la fonction d'affichage du sept segments, d'afficher la valeur de nombre (premier argument nombre) sans décimales (deuxième argument 0).

```
sevseg.setNumber(nombre,0);
```

Le programme va donc afficher zéro sur les sept segments lors des premières itérations, puis 1 lors des suivantes et ainsi de suite.

En fonction de votre module, la fréquence du microcontrôleur est plus ou moins grande. Le compteur avance donc plus ou moins rapidement. Pour maitriser le temps de manière précise, il faudra faire appel une fonction Timer.

 L'emplacement où les variables sont déclarées influence la façon dont les différentes fonctions d'un programme verront la variable.

Les variables peuvent être **locales** ou **globales**. Lorsqu'elles sont déclarées tout en haut du programme en dehors de toute fonction, elles sont globales et vous pouvez vous en servir partout dans le code. Cependant, une variable déclarée à l'intérieur d'une fonction ou d'une structure de contrôle ne peut être utilisée qu'à l'intérieur de cette fonction ou de cette structure.

 **Action** : Observez à nouveau le code et indiquez dans le tableau si la variable est locale ou globale.

```
#include "SevSeg.h"

SevSeg sevseg;
float nombre=0;

void setup() {
  byte numDigits = 1;
  byte digitPins[] = {10,11};
  byte segmentPins[] =
{segment_a,segment_b,segment_c,
segment_d,segment_e,segment_f,segment_g,segment_dd};
  deciSeconds=0;
  sevseg.begin(COMMON_CATHODE, numDigits, digitPins,
segmentPins);
  sevseg.setBrightness(90);
}
```

```
void loop() {
  nombre = nombre + 0.1;
  sevseg.setNumber(nombre,0);
  if(nombre >9) nombre =0;
  sevseg.refreshDisplay();
}
```

Variable	Locale	Globale
numDigits		
digitPins		
nombre		
sevseg		

Prise de notes

7   STRUCTURES DE CONTRÔLE

Nous l'avons vu, un programme s'exécute normalement ligne après ligne. Cependant dans de nombreux cas, nous pouvons modifier ce flux d'exécution. Il peut s'agir d'ignorer certaines instructions ou au contraire de n'exécuter certaines instructions que dans certaines conditions. Il peut aussi s'agir de répéter des instructions un certain nombre de fois.

Dans cette section, nous présentons les deux principales structures de contrôle, le **if** et le **for**.

7.1   Le test conditionnel

Afin de n'exécuter une ou plusieurs instructions que selon certaines conditions, le mot-clé **if** sera utilisé avec une **condition**. Ce dernier suivra l'une des syntaxes suivantes :

```
if (condition) {
  //code à exécuter si la condition est vérifiée
}
```

```
if (condition) //code à exécuter sur une ligne
```

```
if (condition)
{
  //code à exécuter si la condition est vérifiée
  //code à exécuter si la condition est vérifiée
}
```

Il est également possible de prévoir des instructions en cas de non-validation de la condition. Pour cela on utilisera le mot-clé **else**.

```
if (condition)
{
  //code à exécuter si la condition est vérifiée
```

```
    //code à exécuter si la condition est vérifiée
}

else
{
    //code à exécuter si la condition n'est pas vérifiée
    //code à exécuter si la condition n'est pas vérifiée
}
```

Les conditions doivent se construire en utilisant des opérateurs de comparaison dont la valeur finale est un Booléen (Vrai ou Faux). Si la condition est vérifiée (Vrai), le bloc d'instruction encadré par le **if** est exécuté sinon le bloc **else** est exécuté. S'il n'y a pas de bloc **else**, alors, le programme poursuit son exécution.

Voici la syntaxe à suivre pour créer des conditions entre deux variables ou une variable et une valeur.

Condition	Interprétation
x == y	x est égal à y
x != y	x est différent de y
x < y	x est inférieur à y
x > y	x est supérieur à y
x <= y	x est inférieur ou égal à y
x >= y	x est supérieur ou égal à y

Que fait la ligne suivante de notre code ?

```
if(nombre >10) nombre=0;
```

Modifiez le code pour que l'afficheur sept segments compte de zéro jusqu'à trois puis redémarre à zéro et ainsi de suite.

```
if(nombre _____ ) _____ ;
if(nombre _____ ) _____ ;
```

7.2   Les boucles

Il peut être nécessaire de répéter un ensemble d'instructions plusieurs fois ou tant qu'un résultat attendu n'est pas obtenu. Pour cela nous aurons recourt aux boucles **for** et **while**.

Les boucles **for** permettent de répéter un certain nombre de fois, des instructions. Voici leur format :

```
for (initialisation; condition; incrémentation) {

//instructions à répéter

}
```

L'initialisation revient à déclarer un point de départ à la boucle. À cette occasion, une variable est initialisée. La **condition** est celle qui permettra à la boucle de savoir quand continuer ou arrêter. Il s'agit d'une condition d'arrêt. Enfin, l'**incrémentation** consiste à indiquer quelle procédure s'applique à la variable précédemment initialisée entre chaque exécution du code.

Pour afficher dans le moniteur série, les nombres allant de 1 à 10, nous procèderons avec le code suivant. Le moniteur Série permet d'utiliser le câble USB comme un port série afin de transmettre des données à la machine associée.

```
void setup() {
  Serial.begin(9600); // Vitesse de communication
}

void loop() {

  for(int nombre = 0;nombre<=10;nombre++)
  {
    Serial.println(nombre); // Transmission du nombre
  }
}
```

9600 est la vitesse de communication en Bauds.

L'instruction nombre++ est un **raccourci** pour indiquer l'ajout de un à la valeur de nombre. C'est donc un équivalent de nombre = nombre +1.

Pour afficher le moniteur série cliquez en haut à droite de la fenêtre Arduino. Le moniteur série est souvent utilisé comme une manière de suivre l'évolution d'un programme afin de détecter des erreurs. N'hésitez pas à afficher des messages pour vérifier les états de vos actions.

Les chiffres qui défilent sur le moniteur série sont bien transmis par le module qui effectue l'ensemble des opérations et les communique via le câble USB qui est relié à votre ordinateur.

La fonction **loop** est une **boucle infinie**. Il est donc possible d'obtenir le même résultat de la manière suivante.

```
int nombre = 0;

void setup() {
  Serial.begin(9600);
}
```

```
void loop() {

    Serial.println(nombre);
    nombre++;
    if(nombre>10)nombre=0;

}
```

Notez que dans ce cas, le programme ne s'arrête pas à 10, il redémarre de 0 pour répéter à nouveau le comptage.

 **Action :** Nous disposons d'une carte électronique connectée à 6 Leds sur les broches 2 à 7. Que fait le programme suivant ? Si nécessaire, faites le câblage et testez-le.

```
void setup() {
    for (int broche = 2; broche < 8; broche ++) {
    pinMode(broche, OUTPUT);
  }
}

void loop() {

  for (int broche = 2; broche < 8; broche ++) {
    digitalWrite(broche, HIGH);
    delay(1000);
    digitalWrite(broche, LOW);
  }

  for (int broche = 7; broche >= 2; broche --) {
    digitalWrite(broche, HIGH);
    delay(1000);
    digitalWrite(broche, LOW);
  }


}
```

Prise de notes

L'autre structure permettant de répéter des instructions est la boucle **while**, cette dernière est utilisée pour répéter un ensemble d'instructions tant qu'une condition n'est pas validée.

```
while (condition) {
  // votre code ici
}
```

`Serial` renvoie vrai si le port série spécifié est disponible. Il ne renvoie faux que si vous interrogez la connexion série avant qu'elle ne soit prête. Ainsi, on peut effectuer une attente tant que le port série n'est pas disponible.

```
void setup() {
  Serial.begin(9600);
  while (!Serial) {
    ;
  }
}
```

Notons enfin qu'il est possible de combiner plusieurs conditions avec un ET ou un OU logique.

- `Condition1 || Condition2` Si l'**une des deux** conditions est remplie, la condition est vérifiée.
- `Condition1 && Condition2` Si et seulement si **les deux** conditions sont remplies, la condition est vérifiée.

Prise de notes

Un monde connecté

8 UTILISER UN ÉCRAN LCD

Dans cette partie, nous allons apprendre à utiliser un écran LCD (Liquid Crystal Display). Cet écran à Cristaux Liquides permet d'afficher des messages et des numéros à volonté.

La partie la plus complexe de son fonctionnement est celle du câblage de l'écran. En effet, le LCD est composé de 16 broches dont nous nous servirons de 12.

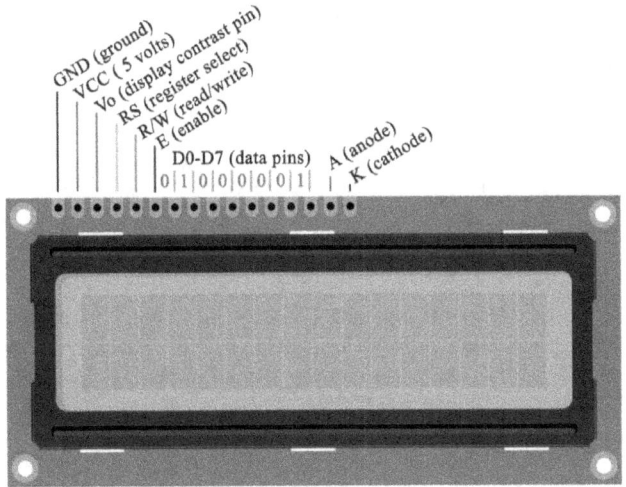

En utilisant la fiche technique de l'écran LCD, complétez le tableau en indiquant le type de signal et ce à quoi il sert pour chacune des broches LCD.

Broche lcd	Broche arduino	Type de signal
VSS	GROUND	
VDD	5V	

V₀	GROUND **via résistance**	
RS	PIN 7	
RW	GROUND	
En	PIN 8	
D0	X	Non utilisée
D1	X	Non utilisée
D2	X	Non utilisée
D3	X	Non utilisée
D4	PIN 9	
D5	PIN 10	
D6	PIN 11	
D7	PIN 12	
A	5V	
K	GROUND	

Effectuez le câblage et branchez la carte Arduino pour vérifier si l'écran LCD s'allume.

Afin d'alimenter de multiples broches avec un signal de 5 Volts, il est recommandé d'apporter le signal 5 Volts sur l'extrémité + de votre breadboard. Ainsi, vous pourrez utiliser l'ensemble de la ligne + pour bénéficier du signal positif et les relier à vos composants lorsque vous en besoin.

Pour régler le contraste de l'écran, vous pouvez branchez la broche V₀ de l'écran LCD à la terre en utilisant en série deux résistances de 1KΩ. Vous devriez maintenant observer la première ligne de l'écran LCD.

 Pour ajuster plus finement le contraste de votre écran LCD (ou si vous ne disposez pas des résistances nécessaires), vous pouvez utiliser un potentiomètre (voir image ci-contre). La broche centrale du potentiomètre doit être connectée à la broche de contraste du LCD (V0), tandis que les deux broches extérieures doivent être reliées respectivement à la masse et au 5V. En tournant la molette du potentiomètre, vous modifiez la résistance appliquée, ce qui permet un réglage précis du contraste de l'affichage.

8.1   Code LCD pour afficher « Hello World ! »

Comme vous avez dû le lire sur la fiche technique de l'écran LCD, la communication entre l'écran LCD et l'Arduino n'est pas si simple. Pour éviter d'écrire du code inutile et permettre à quiconque d'utiliser l'écran LCD de manière aisée, une bibliothèque sera utilisée.

Dans cette section, nous allons importer la bibliothèque **LiquidCrystal** et l'utiliser pour afficher un simple message « Hello World ! ». Importez la bibliothèque comme indiqué dans les étapes suivantes :

1. Allez dans le gestionnaire de bibliothèque.

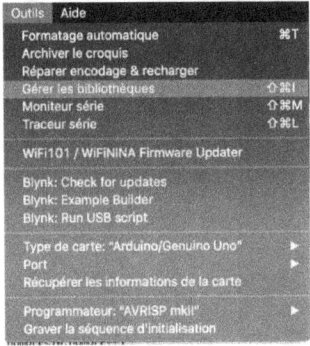

2. Recherchez la bibliothèque LiquidCrystal et cliquez sur installer.

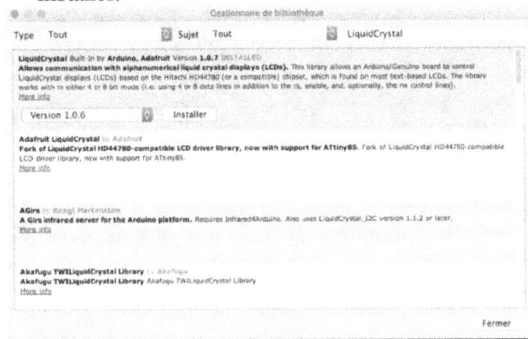

3. Ouvrir le fichier contenant les exemples d'usage de la librairie depuis Fichier > Exemples > Liquid Crystal > Helloworld.

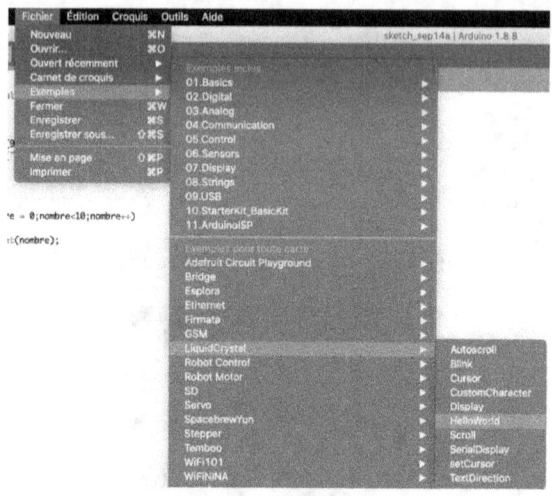

```
// Inclure la librairie de la manière suivante
#include <LiquidCrystal.h>

// Identification des broches pour chaque signal
const int rs = 12, en = 11, d4 = 5, d5 = 4, d6 = 3,
d7 = 2;
LiquidCrystal lcd(rs, en, d4, d5, d6, d7);

void setup() {
  // initialisation du nombre de lignes et de colonnes
  lcd.begin(16, 2); // 16 colonnes sur 2 lignes
  // affiche un message sur le lcd
  lcd.print("Hello World!");
}

void loop() {
  // On positionne le curseur en bas à gauche
  lcd.setCursor(0, 1);
  // On affiche les millisecondes sur le LCD
  lcd.print(millis() / 1000);
}
```

Modifiez le code en ajustant les numéros de broche correspondant à votre câblage, puis chargez le programme.

Action : Testez le code et vérifiez le câblage si l'écran LCD n'affiche pas le message.

8.2 Gestion de l'affichage de manière asynchrone

Lorsque vous combinez l'utilisation d'un écran LCD avec d'autres traitements intensifs dans votre projet Arduino, vous pouvez rencontrer des problèmes où le LCD ne met plus correctement à jour les valeurs affichées. Cela se produit souvent lorsque la boucle principale (loop) devient trop chargée avec des pauses ou des traitements complexes, ce qui ralentit ou bloque les mises à jour de l'affichage.

Pour résoudre ce problème, il est possible d'utiliser une technique de programmation appelée **multithreading**. Bien que l'Arduino ne gère pas les threads de manière native comme sur un ordinateur, nous pouvons simuler un comportement similaire en décomposant les tâches dans des fonctions distinctes et en utilisant des minuteries – **timers** - pour exécuter ces fonctions de manière asynchrone.

L'utilisation de la bibliothèque SimpleTimer permet de gérer facilement des tâches périodiques comme la mise à jour de l'affichage LCD, sans surcharger la boucle principale. Cela évite les problèmes où l'écran LCD ne met plus correctement à jour les valeurs en raison de traitements lourds dans la boucle principale.

Pour installer la bibliothèque SimpleTimer, dans l'IDE Arduino, allez dans **Outils > Gérer les bibliothèques**. Recherchez SimpleTimer et installez la bibliothèque.

```
#include <LiquidCrystal.h>
#include <SimpleTimer.h>

// Déclaration des broches de l'écran LCD
const int rs = 12, en = 11, d4 = 5, d5 = 4, d6 = 3,
d7 = 2;
LiquidCrystal lcd(rs, en, d4, d5, d6, d7);

// Création d'une instance de SimpleTimer
SimpleTimer timer;

void setup() {
```

```
  lcd.begin(16, 2);  // Initialisation de l'écran LCD
(16 colonnes, 2 lignes)

  // Définir un timer pour mettre à jour l'écran LCD
toutes les 500ms
  timer.setInterval(500, updateLCD);
}

void loop() {
  timer.run();  // Lancer les timers définis

  // Ici, vous pouvez effectuer d'autres traitements
sans bloquer la mise à jour de l'affichage LCD
}

// Fonction pour mettre à jour l'écran LCD
void updateLCD() {
  lcd.clear();
  lcd.setCursor(0, 0);
  lcd.print("Valeur:");
  lcd.setCursor(0, 1);
  lcd.print(millis() / 1000);  // Affiche le temps
écoulé en secondes
}
```

La bibliothèque SimpleTimer permet de définir des tâches qui s'exécutent automatiquement à des intervalles réguliers, sans nécessiter une gestion manuelle du timing dans la boucle principale. Dans le setup(), un timer est configuré pour appeler la fonction updateLCD() toutes les 500 millisecondes, garantissant ainsi une mise à jour régulière de l'affichage. La boucle principale (loop()) se contente ensuite de lancer les timers avec timer.run(), ce qui permet de maintenir l'affichage à jour tout en laissant de la place pour d'autres tâches à exécuter en parallèle.

Un monde connecté

9   UTILISER UN CAPTEUR

9.1 Capteur de température et d'humidité

Nous allons utiliser un capteur de température et d'humidité afin de créer une station météo. Vous pouvez conserver l'écran LCD qui sera utilisé pour le projet.

Nous proposons de tester un capteur de température et d'humidité qui est souvent disponible dans les kits de démarrage Arduino. Il s'agit du DHT 11 qui se présente avec 3 ou 4 broches.

Pour obtenir le détail de fonctionnement du capteur, vous pouvez consulter le QR-code.

En règle générale, vous n'avez pas besoin de maitriser les détails de fonctionnement de chaque composant que vous utilisez. En effet, les protocoles de communication ou les détails techniques sont directement gérés par les librairies que vous utiliserez dans votre code Arduino (à l'image de l'écran LCD que nous avons déjà utilisé). Par contre, la documentation est très importante pour connecter convenablement le composant au module Arduino. Il ne faut pas confondre les broches et connecter convenablement les signaux VCC et GND, ainsi que les broches de valeur. On note qu'inverser VCC et GND peut très souvent détériorer un composant.

Le DHT11 peut se présenter seul ou déjà connecté à un petit module. Sur le module, il ne dispose que de trois broches, seul il dispose de quatre broches dont seulement trois seront utilisées.

 Si vous disposez du module, le nom associé aux broches vous permet de savoir comment connecter le module. Une broche est dénotée GND, elle doit se connecter à la masse (0V). Une broche d'alimentation notée Vin se connecte à 3,3Volts et enfin la broche qui portera les données à recevoir. Il s'agit de la broche DOUT que nous connecterons à une broche libre par exemple la broche numéro 2.

Important : Certains DHT11 livrés sur module **ne possèdent pas d'indications** sur les broches (il n'y pas de standard sur l'ordre et les signaux, l'image de la page précédente ne fait pas foi). Il faut donc se fier au fonctionnement du capteur comme indiqué ci-dessous qui lui est constant. En suivant les pistes sur le module (ou avec un testeur) vous identifierez quelles broches se positionnent à la masse, au 5V et quelle est la broche de transmission des données.

Broche	Signal	Sens
1	VCC	Alimentation
2	Data	Broche de transmission des données (PIN 2)
3	NC	Non utilisé
4	GND	0 Volt

Il est important de noter que la masse même si elle attend une valeur de 0 Volt doit être reliée au module Arduino.

Vous pouvez désormais câbler le capteur au module Arduino en utilisant la breadboard.

Ci-après un exemple de câblage.

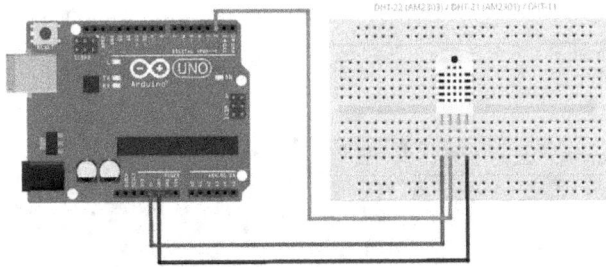

Pensez, pour faciliter la vérification du câblage, à respecter le code couleur suivant. La masse avec des câbles noirs, la tension d'entrée V_{in} en rouge. Des signaux de couleurs pour les données.

Une nouvelle fois afin de générer notre code, nous allons utiliser une librairie. Rendez-vous à nouveau dans la section `Outil >` `Gérer les bibliothèques` puis renseignez DHT 11 et cliquez installer.

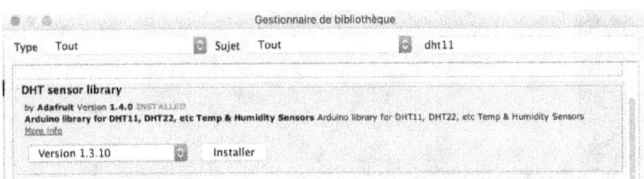

Si des dépendances vous sont proposées au téléchargement acceptez-les (choix install all).

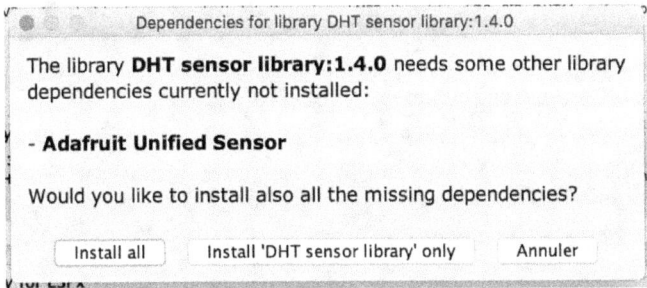

Rendez-vous maintenant dans fichier, `Exemples > DHT sensor library > DHT_tester` pour accéder au code de fonctionnement du module.

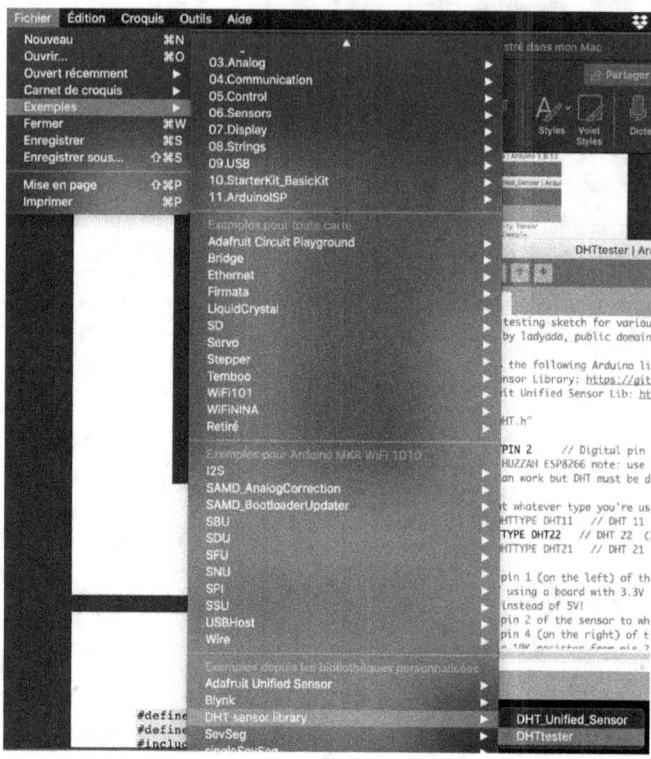

```
#define DHTPIN 2 // Broche du capteur
#define DHTTYPE DHT11 // Pour le DHT 11
#include <LiquidCrystal.h>
#include "DHT.h"
DHT dht(DHTPIN, DHTTYPE);
LiquidCrystal lcd(7, 8, 9, 10, 11, 12);

void setup() {
  dht.begin();
  Serial.begin(9600);
  lcd.begin(16, 2);
  lcd.setCursor(0,1);
```

```
}

void loop() {

 Serial.print("Lecture capteur");
 float h = dht.readHumidity();
 float t = dht.readTemperature();

 if (isnan(h) || isnan(t))
 {
   Serial.println("Échec de lecture");
   return;
 }

 // Calcul de l'indice de température en Celsius
 float hic = dht.computeHeatIndex(t, h, false);
 Serial.print("Humidité: ");
 Serial.print(h);
 Serial.print(F("%  Température: "));
 Serial.print(t);
 Serial.print(F("°C "));
 Serial.print("Indice de température: ");
 Serial.print(hic);
 Serial.print(F("°C "));
 lcd.setCursor(0,1);
 lcd.print("Hum: ");lcd.print(h);
 lcd.setCursor(0,0);
 lcd.print("Temp: ");lcd.print(t);lcd.print("C");
 }
```

Observez la ligne de code suivante :

```
if (isnan(h) || isnan(t))
```

isnan est une fonction qui permet de déterminer si la valeur passée en argument est valide (Nan signifie Not a Number).
Dans quelles conditions, le programme va-t-il afficher le message d'échec de la lecture ?

Vérifiez le bon fonctionnement de la carte grâce à l'affichage LCD, mais aussi grâce au moniteur série. Il doit afficher les données de la manière suivante.

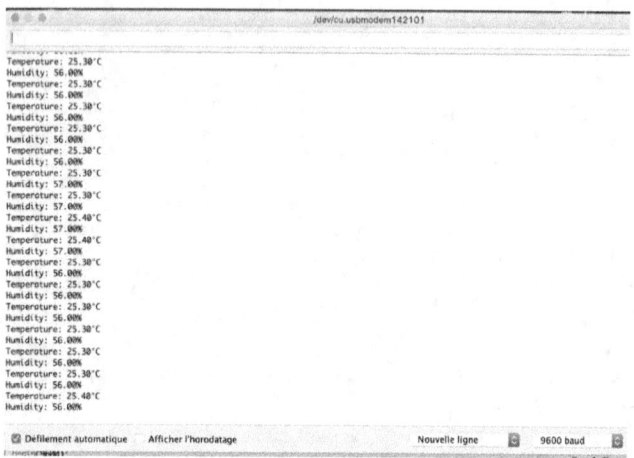

Vous pouvez vérifier en temps réel le bon fonctionnement de votre code en soufflant sur le capteur DHT11. Cela doit générer une augmentation très significative de l'humidité et une augmentation de la température.

 **Action :** Modifiez le code de votre station météo pour mémoriser la température minimale et maximale observée. Utilisez pour cela uniquement le SI et les variables. Complétez le code simplifié ci-dessous.

Pensez à modifier le type de DHT en fonction de votre composant (DHT11, DHT21, etc.).

```
#define DHTPIN 2 // Broche du capteur
#define DHTTYPE DHT11 // Pour le DHT 11
#include <LiquidCrystal.h>
#include "DHT.h"

DHT dht(DHTPIN, DHTTYPE);
LiquidCrystal lcd(7, 8, 9, 10, 11, 12);

_____

_____

_____

_____


void loop() {

 Serial.print("Lecture capteur");
 float h = dht.readHumidity();
 float t = dht.readTemperature();

 //On vérifie si la lecture a échoué, si oui on quitte
la boucle pour recommencer.
 if (isnan(h) || isnan(t))
 {
   Serial.println("Échec de lecture");
   return;
 }


_____

_____

_____

_____


 // Calcul de l'indice de température en Celsius
 float hic = dht.computeHeatIndex(t, h, false);

 lcd.setCursor(0,1);
 lcd.print("Hum: ");lcd.print(h);
 lcd.setCursor(0,0);
 lcd.print("Temp:
");lcd.print(t);lcd.print("C");
 }
```

Scannez le QR-code pour obtenir la solution.

9.2 Un servomoteur pour piloter des mouvements

Le **servomoteur SG90** est un composant qui permet de générer un mouvement mécanique à partir d'une commande transmise électroniquement.

Il est composé d'un moteur à courant continu qui est asservi en position angulaire. Ainsi, il est possible de commander la position du servomoteur. Il est donc idéal pour effectuer des petits mouvements. Il peut par exemple permettre d'effectuer des mouvements d'ouverture et de fermeture.

Voici quelques-unes de ses spécificités techniques : vitesse de 0.12 s / 60°, couple de 1.2 Kg / cm et amplitude de 0 à 180°.

Le composant possède trois broches :

Couleur fil	Signal
Marron	Masse (-)
Rouge	Alimentation (+ 5 V)
Orange	Signal (broche 9)

Connectez le servomoteur directement sur la carte ou via une breadboard si nécessaire.

Le fil marron doit se connecter à la masse GND (0 Volt).

Le fil rouge à l'alimentation 5 Volts. Si votre module est alimenté via un câble USB, la broche Vin sera alimenté en

3,3Volts ce qui est insuffisant. Utilisez alors la broche dédiée 5 Volts.

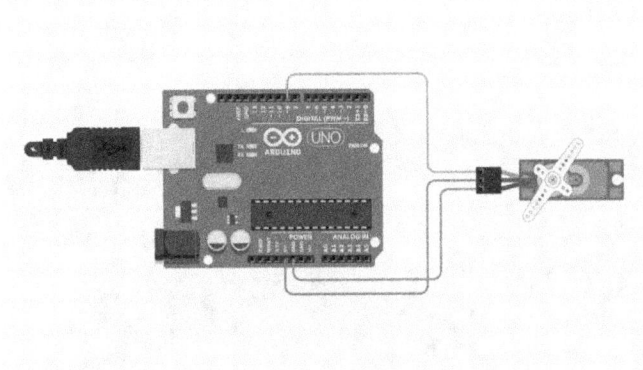

Le fil orange sera utilisé pour piloter la position du servomoteur. Nous utiliserons la broche 9 mais vous pouvez utiliser n'importe quelle broche.

Pour simplifier l'usage du servomoteur, nous allons utiliser la librairie dédiée **Servo**.

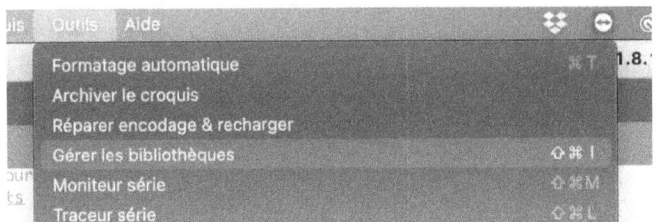

Installer la librairie dédiée puis vérifiez le fonctionnement du composant en utilisant le fichier d'exemple **Sweep**.

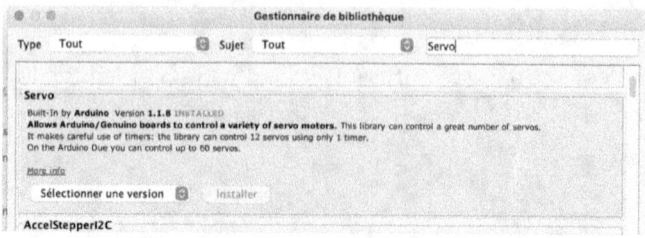

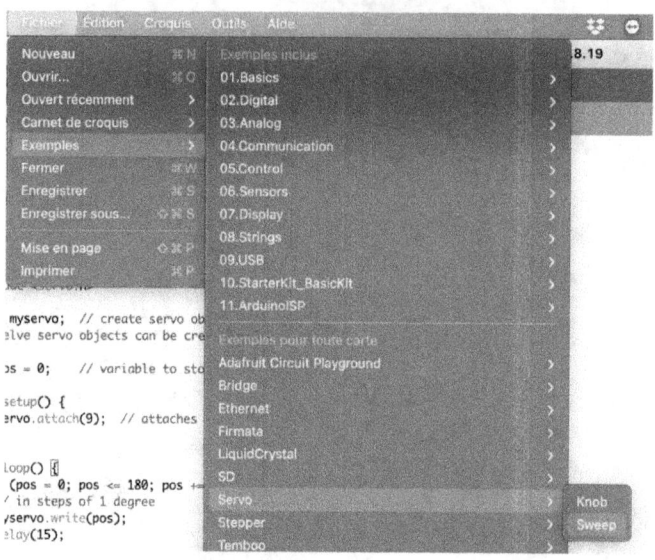

```
#include <Servo.h>

Servo myservo;

int pos = 0 ;

void setup() {
  myservo.attach(9);
}

void loop() {
  for (pos = 0; pos <= 180; pos += 1) {
    myservo.write(pos);
    delay(15);
  }
  for (pos = 180; pos >= 0; pos -= 1) {
```

```
   myservo.write(pos);
   delay(15) ;
  }
}
```

Les étapes clés dans le fonctionnement du programme sont :

L'intégration de la librairie.

```
#include <Servo.h>
```

La déclaration de la variable **myservo** afin de pouvoir initialiser et transmettre des instructions au servomoteur.

```
Servo myservo;
```

L'initalisation qui consiste à préciser la broche (ici la broche 9) à laquelle le servomoteur sera relié.

```
myservo.attach(9);
```

Les instructions de position qui se définissent en utilisant la commande suivante :

```
myservo.write(pos);
```

Notons que la valeur de la variable Pos doit être un nombre situé entre 0 et 180.

Action : Ajustez le code ci-après pour que le servomoteur effectue un mouvement permettant d'ouvrir et de fermer une barrière toute les secondes.

```
#include <Servo.h>

Servo myservo;

void setup() {
  myservo.attach(9);
  myservo.write(0);
}

void loop() {
    myservo.write(___);
    delay(_____);
    myservo.write(___);
    delay(_____);
  }
```

9.3 Capteur de distance avec les ultrasons

Le capteur ultrason HC-SR04 permet de mesurer la distance qui le sépare de n'importe quel objet. Cette dernière sera estimée jusqu'à une distance maximale de 4 mètres environ.

De multiples librairies existent pour ce capteur mais nous vous proposons d'effectuer les prises de mesures directement. Ainsi, vous pourrez mieux comprendre le fonctionnement  du capteur. De plus des problèmes de compatibilité sont souvent observées avec ce type de librairies.

Le principe général consiste à envoyer des ondes ultrasons dans la direction d'un objet, puis à attendre qu'une partie se réfléchissent et reviennent au capteur. Ainsi, avec la vitesse de propagation du son et le délai entre l'émission et la réception des ondes, il est possible d'estimer la distance de l'objet situé devant le capteur.

Voici les étapes nécessaires pour identifier la distance d'un objet au capteur :

1.   Le capteur envoie une impulsion HIGH de 10µs sur la broche TRIGGER.
2.   Il transmet automatiquement une série d'impulsions ultrasoniques
3.   Les ultrasons se propagent jusqu'à l'objet avant d'effectuer le chemin retour.
4.   Le capteur détecte l'ECHO et clôture la prise de mesure.

La broche ECHO reste à HIGH durant les deux dernières étapes, ce qui permet de mesurer la durée de l'aller-retour.

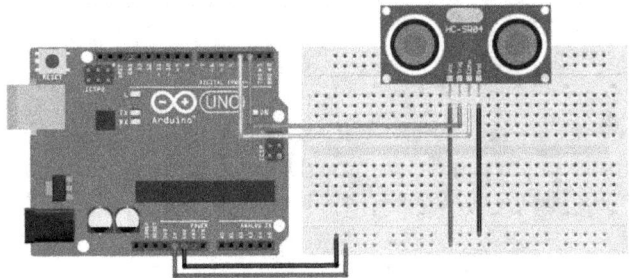

Pour le câblage, le type de signal est directement indiqué sur le composant. La broche de gauche (composant face à soi) est l'alimentation 5 Volts, la seconde est le Trigger qui sera lié à la broche 2 du microcontrôleur, la broche Echo sera reliée à la broche 3 et enfin la broche de droite sera reliée à la masse (GND).

```
int TRIGGER = 2; // Broche TRIGGER
int ECHO = 3;    // Broche ECHO

unsigned long TIMEOUT = 25000UL;
float SOUND_SPEED = 340.0 / 1000;
```

```
void setup() {
  Serial.begin(9600);
  pinMode(TRIGGER, OUTPUT);
  digitalWrite(TRIGGER, LOW);
  pinMode(ECHO, INPUT);
}

void loop() {
  //Impulsion sur le trigger pour enclencher
l'envoie des ondes ultrasoniques
  digitalWrite(TRIGGER, HIGH);
  delayMicroseconds(10);
  digitalWrite(TRIGGER, LOW);

  //Mesure du temps écoulé avant réception du signal
  long measure = pulseIn(ECHO, HIGH, TIMEOUT);

  //calcul de la distance en centimètres
  float distance = (measure / 2.0 * SOUND_SPEED)/10;

  Serial.print("Distance");
  Serial.println(distance);
  delay(1000);
}
```

Les valeurs renvoyées par le capteur sont disponibles sur le port série (Serial). Pour y accéder, cliquez-en haut à droite du logiciel Arduino.

Pour afficher un graphique en temps réel des valeurs mesurées par votre capteur, vous pouvez également utiliser l'outil **Serial Plotter** intégré dans l'IDE  Arduino. Après avoir chargé votre sketch sur la carte Arduino, ouvrez le Serial Plotter en cliquant sur l'icône correspondante dans la barre d'outils de l'IDE. Le Serial Plotter interprète les données envoyées par le port série sous forme de courbes. Chaque fois que votre code envoie une valeur via Serial.print() ou Serial.println(), celle-ci est tracée sur le graphique. Par exemple, dans le code utilisé pour mesurer la distance avec un capteur ultrasonique, les valeurs de distance sont envoyées au Serial Plotter, qui les affichera en temps réel, vous permettant de visualiser facilement les variations de distance mesurées. Ce graphique dynamique est particulièrement utile pour analyser les données de manière intuitive et identifier rapidement les tendances ou les anomalies.

Pour afficher plusieurs courbes en simultanée utilisez le format ci-après. Notez bien l'usage du println uniquement à la fin de la série de valeurs.

```
Serial.print("Variable_1:");
Serial.print(random_variable);
Serial.print(",");
Serial.print("Variable_2:");
Serial.println(static_variable);
```

 **Action :** Utilisez le servomoteur et le capteur ultrason pour simuler le fonctionnement d'une barrière automatique. Lorsqu'un véhicule s'approche de la barrière, cette dernière se lève puis se rabaisse automatiquement en attendant le passage d'un autre véhicule.

Un monde connecté

10 Communication Arduino et script Python

Dans cette section, nous allons découvrir comment établir une communication entre un script Python exécuté sur un ordinateur et un module Arduino. Cette interaction ouvre de nouvelles possibilités pour enrichir vos projets Arduino. Par exemple, elle permet à un ordinateur d'analyser en temps réel des données collectées par l'Arduino, telles que des comportements clients en magasin, ou inversement, elle permet à l'Arduino de servir d'interface pour afficher des informations issues de sources externes, comme une moodlamp qui change de couleur en fonction de l'humeur des réseaux sociaux ou des fluctuations d'un indice boursier. Cette synergie entre Arduino et Python offre un potentiel considérable pour des applications innovantes et interactives.

10.1 Envoi de Données d'Arduino vers Python

La communication série est le moyen le plus courant pour échanger des données entre un module Arduino et un ordinateur. Cette communication s'effectue via le port USB, qui est utilisé à la fois pour programmer l'Arduino et pour la transmission de données. Commençons par envoyer des données depuis l'Arduino vers un script Python. Nous utiliserons la bibliothèque pySerial en Python, qui permet de gérer la communication série.

Imaginons que l'Arduino mesure la température à l'aide d'un capteur et envoie cette valeur à un script Python pour l'afficher ou l'enregistrer.

```
void setup() {
  Serial.begin(9600);// Initialisation de la
communication série à 9600 bauds
}

void loop() {
  int temperature = analogRead(A0);  // Lecture de
la température (simulée ici)
```

```
  Serial.println(temperature);        // Envoi de la
valeur au port série
  delay(1000);                        // Attente de 1
seconde
}
```

Voici un script Python simple qui reçoit les données de température envoyées par l'Arduino et les affiche.

```
import serial

# Connexion à l'Arduino (assurez-vous que le port et
le baud rate correspondent)
arduino = serial.Serial(port='COM3', baudrate=9600,
timeout=.1)

while True:
    data = arduino.readline()
    if data:
        print(f"Température : {data.decode('utf-
8').strip()}")
```

Dans ce projet, l'Arduino et le script Python communiquent par le biais de la connexion série. Du côté de l'Arduino, chaque seconde, une mesure de température est prise et envoyée au port série à l'aide de la fonction `Serial.println()`. Cette fonction envoie la valeur sous forme de texte, suivie d'un retour à la ligne, ce qui permet à Python de détecter la fin de la donnée envoyée.

Du côté de Python, le script utilise la méthode `arduino.readline()` pour lire les données transmises par l'Arduino. Cette méthode attend la réception d'une ligne complète (jusqu'au caractère de retour à la ligne) avant de continuer. Une fois la ligne reçue, Python extrait les données et les affiche dans la console, vous permettant de visualiser en temps réel les valeurs de température mesurées par l'Arduino.

La ligne data.decode('utf-8').strip() convertit les données reçues en texte lisible en utilisant l'encodage UTF-8, puis supprime les espaces ou caractères de fin de ligne superflus pour obtenir une chaîne propre.

10.2 Envoi de Données d'Arduino vers Python

Maintenant, nous allons inverser le processus en envoyant des commandes depuis un script Python vers l'Arduino pour contrôler une LED, par exemple.

```
const int ledPin = 13;

void setup() {
  pinMode(ledPin, OUTPUT);
  Serial.begin(9600);
}

void loop() {
  if (Serial.available() > 0) {
    char command = Serial.read();  // Lire la
commande envoyée par Python
    if (command == '1') {
      digitalWrite(ledPin, HIGH);  // Allumer la LED
    } else if (command == '0') {
      digitalWrite(ledPin, LOW);   // Éteindre la
LED
    }
  }
}
```

Le script Python suivant envoie une commande à l'Arduino pour allumer ou éteindre la LED.

```
import serial
import time

arduino = serial.Serial(port='COM3', baudrate=9600,
timeout=.1)

def led_control(state):
    arduino.write(state.encode())  # Envoyer la
commande à l'Arduino

while True:
    led_control('1')  # Allumer la LED
    time.sleep(1)     # Attendre 1 seconde
    led_control('0')  # Éteindre la LED
    time.sleep(1)     # Attendre 1 seconde
```

Lorsque vous travaillez avec la communication série entre un Arduino et un script Python, certains problèmes peuvent survenir. Tout d'abord, assurez-vous que **le port série** spécifié dans votre script Python correspond bien au port auquel votre Arduino est connecté. Un port incorrect empêchera toute communication entre les deux. Ensuite, vérifiez que le **baud rate**, c'est-à-dire la vitesse de communication, est identique dans le code Arduino et dans le script Python. Une différence de baud rate peut entraîner des erreurs dans la transmission des données. Enfin, si vous constatez que les données ne sont pas reçues correctement, il peut être utile d'ajouter un léger délai dans le script Python. Cela permet à l'Arduino d'avoir suffisamment de temps pour envoyer les informations, évitant ainsi des pertes de données.

11   ARDUINO ET BLYNK

Le but de cette section est de développer une solution qui vous permette de contrôler la LED intégrée du MKR1010 avec l'application mobile Blynk et une connexion WiFi. Ensuite, nous utiliserons le travail effectué dans les sections précédentes pour obtenir la station météo connectée.

Composant	Illustration
Arduino MKR Wifi 1010	

L'Arduino MKR WiFi 1010 est un point de départ simple pour la conception d'applications IoT. Il est adapté pour différents types d'usages : connexion à un mobile, connexion à un réseau de capteurs, connexion à un routeur. Dans la suite du livret, nous l'utiliserons pour la connexion à un mobile, mais aussi la sauvegarde de données à distance.

À partir de maintenant, votre carte électronique sera en mesure de communiquer avec des appareils externes sans utiliser de câbles de connexion, simplement via le WiFi. Toutefois, nous continuerons d'utiliser le câble USB pour le téléversement des programmes. Notez que vous pourrez ensuite, remplacer la source d'alimentation USB par une pile afin de disposer d'un appareil autonome et positionnable un peu partout.

 Le module MKR1010 est équipé d'un connecteur JST pour une batterie LiPo (lithium polymère) et un circuit de charge est intégré au module (recharge via port USB).

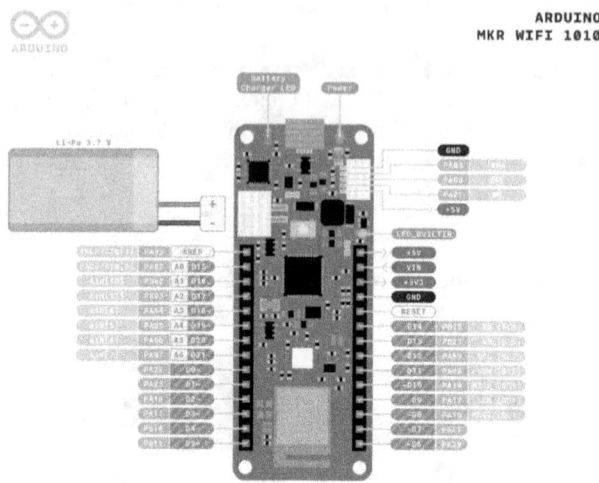

Sur la majorité des cartes Arduino, la LED intégrée visible en haut à droite de la carte est associée à la broche 6. On peut utiliser alors dans le code la référence LED_BUILTIN ou le numéro de broche 6.

11.1 Compte Blynk et première connexion

Blynk est un service qui permet à moindre effort de créer une application mobile capable de se connecter à un objet connecté.

L'un des principes fort proposés par Blynk est de prendre en charge toute la complexité liée à la communication entre un appareil connecté et un serveur distant. Grâce à Blynk, vous aurez simplement à gérer la partie visible de votre projet et pourrez ignorer les questions complexes liées à l'architecture et aux services distants.

Pour commencer, créez un compte sur le site officiel de Blynk (https://blynk.io).

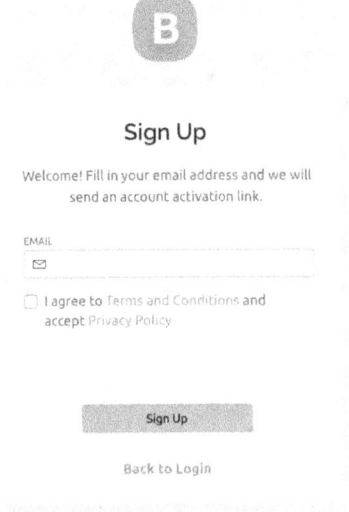

Renseignez votre courriel pour créer votre compte en un seul clic.

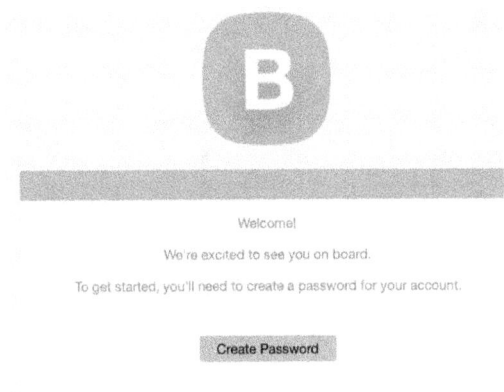

Vérifiez vos courriels et cliquez sur create password pour finaliser la création de votre compte. Choisissez un mot de passe puis un nom de compte et validez.

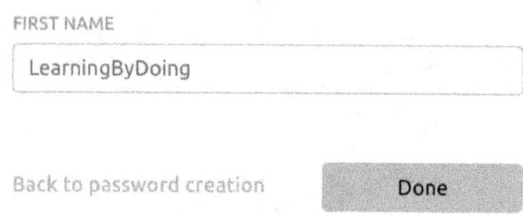

Choisissez « let's go » sur la prochaine fenêtre pour démarrer la configuration de votre environnement de travail.

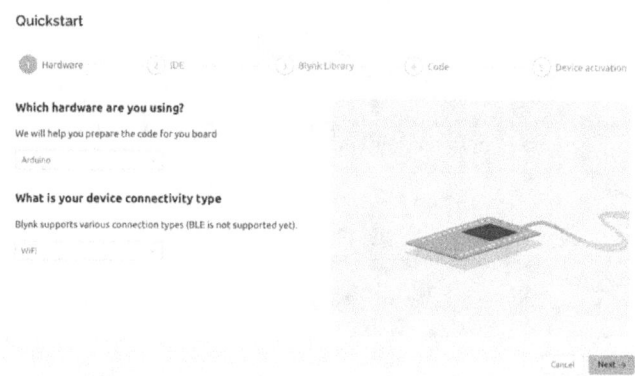

Pour la section Hardware, choisir Arduino et Wifi comme mode de connectivité.

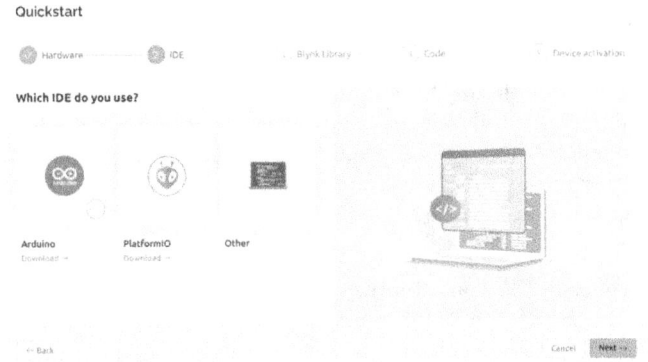

Pour l'IDE choisir arduino. Vous recevez alors les instructions pour installer la librairie Blynk que vous pouvez suivre avant de cliquer sur next.

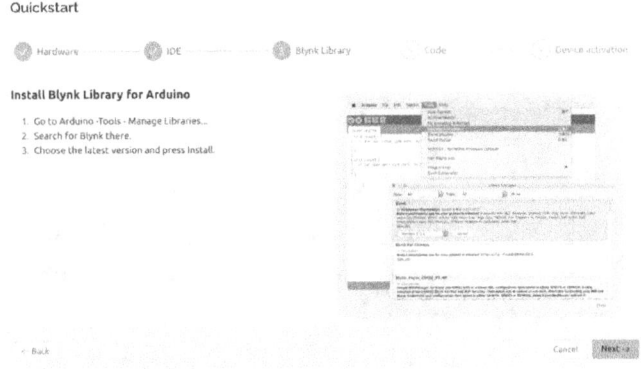

La fenêtre suivante vous transmet des informations essentielles à conserver pour la suite : l'identifiant du template, l'identifiant de l'appareil et le token d'identification.

Le **token d'identification** est le code permettant à Blynk de savoir que les cartes dont vous disposez sont bien celles qu'il faut associer à votre compte. Lorsqu'un de vos modules se connectera à blynk via le wifi le numéro sera transmis et permettra de l'associer à votre environnement de travail.

L'identifiant de l'appareil permet de distinguer vos différents appareils les uns des autres. Cela est utile si vous en avez plusieurs à utiliser.

Enfin, **l'identifiant du template** fait référence à l'interface web et mobile que vous utiliserez pour piloter ou recevoir des données de votre module. Il peut être utile de créer plusieurs templates afin d'interagir de manière différente et via des interfaces différentes avec le même appareil.

Important : Si l'une des trois valeurs n'est pas correcte, vous n'arriverez pas à faire fonctionner votre station météo connectée. De plus les trois lignes de code suivantes doivent toujours apparaitre en début de vos croquis.

```
#define BLYNK_TEMPLATE_ID        ""
#define BLYNK_DEVICE_NAME        ""
#define BLYNK_AUTH_TOKEN         ""
```

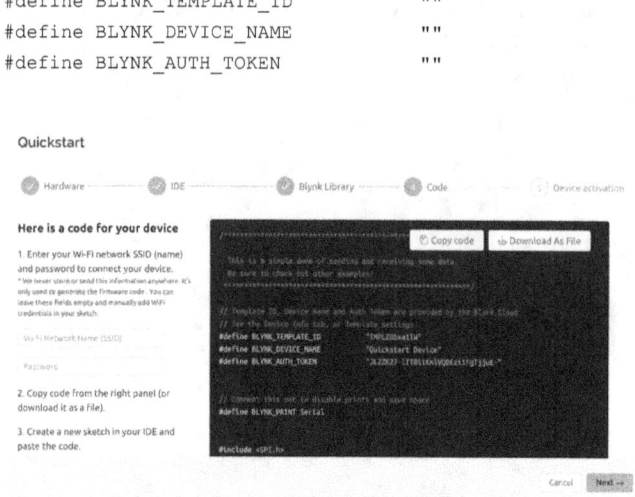

Après avoir renseigné vos identifiants de wifi, vous pouvez copier le code puis le coller dans le logiciel Arduino.

```
#define BLYNK_PRINT Serial
#define BLYNK_TEMPLATE_ID "votre identifiant template"
#define BLYNK_DEVICE_NAME "votre identifiant appareil"
#define BLYNK_AUTH_TOKEN  "votre identifiant de compte"
#include <SPI.h>
#include <WiFi101.h>
#include <BlynkSimpleWiFiShield101.h>


char auth[] = BLYNK_AUTH_TOKEN;


char ssid[] = "votre réseau";
char pass[] = "votre mot de passe";


BlynkTimer timer;

// This function is called every time the Virtual Pin 0
state changes
BLYNK_WRITE(V0)
{
  // Set incoming value from pin V0 to a variable
  int value = param.asInt();

  // Update state
  Blynk.virtualWrite(V1, value);
}


// This function is called every time the device is
connected to the Blynk.Cloud
BLYNK_CONNECTED()
{
  // Change Web Link Button message to "Congratulations!"
  Blynk.setProperty(V3, "offImageUrl", "https://static-
image.nyc3.cdn.digitaloceanspaces.com/general/fte/congr
atulations.png");
  Blynk.setProperty(V3, "onImageUrl", "https://static-
image.nyc3.cdn.digitaloceanspaces.com/general/fte/congr
atulations_pressed.png");
  Blynk.setProperty(V3,                          "url",
"https://docs.blynk.io/en/getting-started/what-do-i-
need-to-blynk/how-quickstart-device-was-made");
}
```

```
// This function sends Arduino's uptime every second to
Virtual Pin 2.
void myTimerEvent()
{
  // You can send any value at any time.
  // Please don't send more that 10 values per second.
  Blynk.virtualWrite(V2, millis() / 1000);
}


void setup()
{
  // Debug console
  Serial.begin(115200);

  Blynk.begin(auth, ssid, pass);
  // You can also specify server:
  //Blynk.begin(auth, ssid, pass, "blynk.cloud", 80);
  //Blynk.begin(auth,            ssid,           pass,
IPAddress(192,168,1,100), 8080);

  // Setup a function to be called every second
  timer.setInterval(1000L, myTimerEvent);
}


void loop()
{
  Blynk.run();
  timer.run();
  // You can inject your own code or combine it with other
sketches.
  // Check other examples on how to communicate with
Blynk. Remember
  // to avoid delay() function!
}
```

À ce stade, il n'est pas nécessaire de comprendre tout ce code. Il s'agit uniquement de vous montrer des fonctionnalités par défaut de Blynk. Notez l'utilisation d'un Timer permettant d'exécuter de manière asynchrone une fonction à intervalles réguliers tout en maintenant une connexion permanente à Blynk.

Connectez la carte et **téléchargez les dépendances manquantes** (carte Arduino SAMD) bibliothèque **Blynk**, bibliothèque **WiFiNINA**, etc. (Outils-> Gérer les bibliothèques).

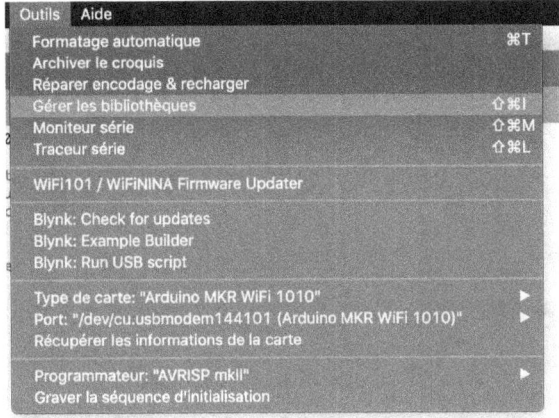

Problèmes rencontrés et solutions

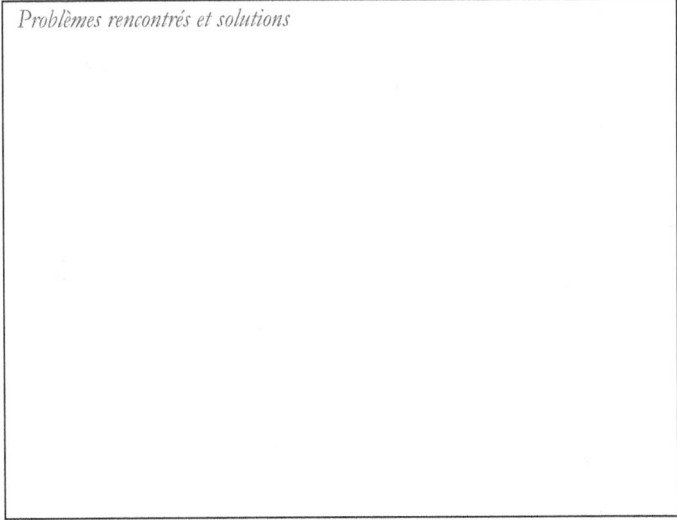

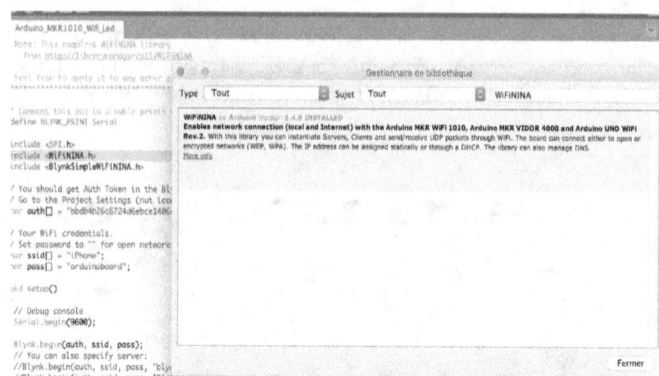

Sélectionnez le port `usbmodem` dans outil (ou com 2, 3, 4, 5 en fonction de votre système). C'est le port utilisé par la carte.

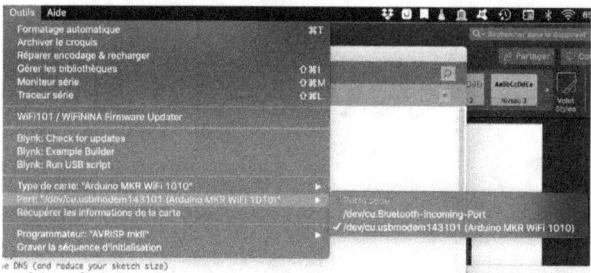

Sélectionnez le type de carte approprié MKR 1010 dans la liste des périphériques.

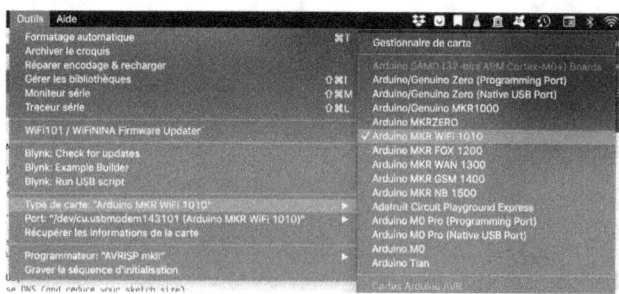

Si le type de carte MKR1010 n'apparait pas dans la liste, vous devez installer manuellement le gestionnaire de carte. Pour cela, rendez-vous dans `Outil > Type de carte > Gestionnaire de carte`. Renseignez alors MKR dans la recherche puis installez ArduinoSAMD Boards. Redémarrez Arduino et vous pourrez choisir la carte MKR1010.

Vous pouvez exécuter votre code et le téléverser sur le module. Si tout se déroule normalement, vous devriez voir apparaitre dans le port série (cliquez sur la loupe en haut à droite du logiciel pour afficher le port série) les données suivantes :

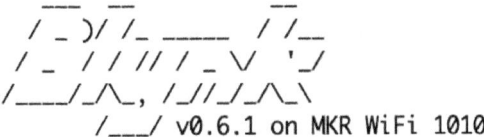

```
 ___  __        __
/ _ )/ /_  ____  / /__
/ _  / / // / _ \/ '_/
/____/_/\_,_/_//_/_/\_\
         /___/ v0.6.1 on MKR WiFi 1010

[11491] Connecting to blynk-cloud.com:80
[11810] Ready (ping: 263ms).
```

Si vous disposez d'une erreur ou si rien ne s'affiche vérifiez les éléments suivants :

- Le chargement du programme a bien été effectué sur le module

- Votre nom de réseau wifi et son mot de passe sont corrects

- Les trois identifiants sont conformes à ce qui est indiqué sur Blynk

Si malgré ses vérifications, rien ne s'affiche dans votre port série, procédez à l'ajustement du code pour modifier les librairies utilisées.

Les deux lignes suivantes :

```
#include <WiFi101.h>
#include <BlynkSimpleWiFiShield101.h>
```

Sont remplacées par les lignes suivantes :

```
#include <WiFiNINA.h>
#include <BlynkSimpleWiFiNINA.h>
```

Vous devez alors obtenir dans le port série une adresse ip et la confirmation de la bonne connexion à Blynk.

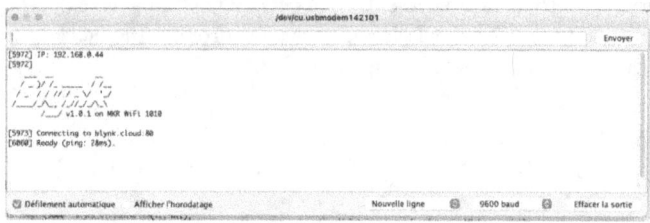

Votre module est désormais connecté à Blynk, vous pouvez passer à la section suivante.

11.2   Quickstart web et mobile de Blynk

Quickstart web

Vous avez désormais votre appareil connecté à Blynk. Il va donc apparaitre sur votre interface web.

Pour vérifier si Blynk a bien reçu les éléments de connexion à
votre carte vous pouvez cliquez sur QuickStart Device et vérifier
le statut de la carte : Online ou Offline (à côté du nom de
l'appareil).

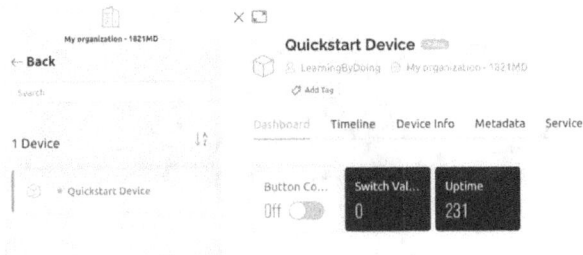

Votre interface devrait indiquer Online et un compteur doit
défiler. Ce dernier indique depuis combien de temps la carte
MKR1010 et connecté à Blynk. Si vous débranchez et rebranchez
le module le compteur va s'arrêter puis repartir de zéro.

Vous notez également qu'en cliquant sur le bouton off pour
l'activer en on, la valeur se met à jour à 1, elle revient à zéro si
vous la désactivez.

Cependant, si vous débranchez la carte, le changement d'état du bouton ne permet plus de mettre à jour la valeur située à sa droite.

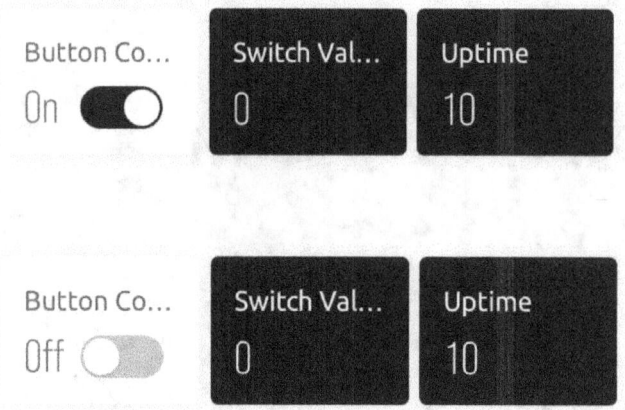

La raison est simple, mais profonde de sens, en cliquant sur le bouton vous transmettez cette information à la carte qui répond en indiquant que le chiffre de la valeur doit être mis à jour. De cette manière, ce code exemple illustre comment recevoir et émettre des données entre le module et l'interface de Blynk.

Quickstart mobile

Téléchargez depuis votre smartphone, l'application mobile Blynk. Enfin, connectez-vous à votre compte. Vous devez voir apparaitre votre premier template qui a été créé automatiquement et qui s'intitule Quickstart Device.

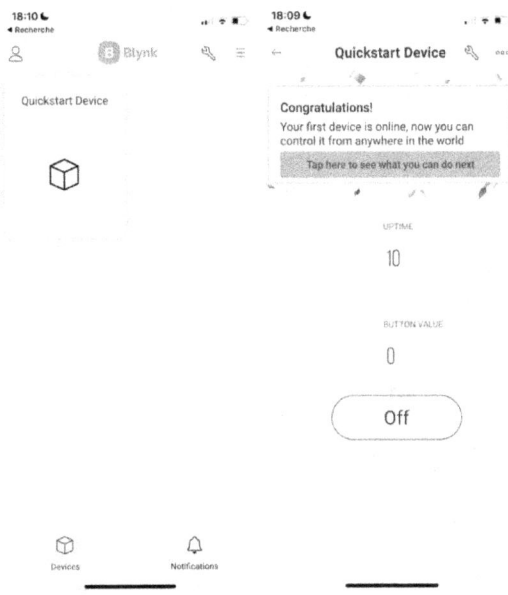

Si votre module est connecté convenablement vous pouvez cliquer sur le template pour voir apparaitre des félicitations bien méritées. Vous pouvez à nouveau faire l'expérience du bouton On/Off pour ainsi vérifier que tout fonctionne convenablement.

Grâce à cette section, vous savez maintenant qu'il existe plusieurs manières d'interagir avec votre module connecté à Blynk : l'interface web et l'interface mobile. Vous savez également qu'il est possible de recevoir et transmettre des données grâce à ces interfaces. Dans la suite, nous allons enrichir le code du module et créer des interfaces spécifiques afin d'obtenir notre station météo connectée.

11.3 Votre code de démarrage

Ouvrez une nouvelle esquisse sur le logiciel Arduino. Copiez le
code suivant qui nous servira de point de départ et mettez-le à jour
avec vos paramètres Wifi et vos trois identifiants.

```
#define BLYNK_PRINT Serial
#define BLYNK_TEMPLATE_ID "votre valeur ici"
#define BLYNK_DEVICE_NAME "votre valeur ici"
#define BLYNK_AUTH_TOKEN  "votre valeur ici"

#include <SPI.h>
#include <WiFiNINA.h>
#include <BlynkSimpleWiFiNINA.h>

char auth[] = BLYNK_AUTH_TOKEN;
char ssid[] = "votre SSID";
char pass[] = "votre mot de passe";

void setup()
{
  Serial.begin(115200);
  Blynk.begin(auth, ssid, pass);
}

void loop()
{
  Blynk.run();
}
```

SSID pour Service Set Identifier est le nom de votre réseau WiFi.
Il s'agit du code minimaliste nécessaire pour connecter votre
module à Blynk.

Vous pouvez désormais télécharger votre programme et vous
connecter depuis votre application mobile Blynk. Le résultat est
un affichage offline ou online.

Depuis Arduino, ouvrez le moniteur série pour suivre l'état de la
connexion. Si la connexion Wifi est bonne, il affichera Ready.

```
                    ___ __          __
      / _ )/ /_ _____   / /__
     / _  / / // / _ \/  '_/
    /____/_/\_, /_//_/_/\_\
          /___/ v0.6.1 on MKR WiFi 1010

    [11491] Connecting to blynk-cloud.com:80
    [11810] Ready (ping: 263ms).
```

Si le résultat est **offline**, alors la connexion n'a pas pu avoir lieu correctement. Vérifiez alors les identifiants Blynk ainsi que les paramètres WiFi. Quand le résultat est online, alors vous pouvez essayer de piloter une LED depuis votre application mobile.

11.4   Pilotage d'une LED via mobile et web

Dans la suite nous allons créer des interfaces afin d'interagir via web et application mobile avec notre carte Arduino. Pour cela, nous allons créer un interrupteur virtuel dans notre interface web et mobile et la connecter via Blynk à la broche réelle de votre carte D8. Cette broche est reliée à la LED directement intégrée sur le module. À la fin de cette section, vous pourrez allumer et éteindre à distance la Led de votre carte comme indiqué sur la figure ci-dessous.

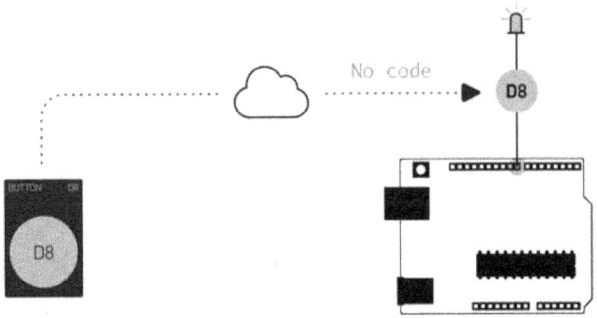

Via l'interface web

Sur l'interface web de blynk, allez dans template puis new template.

Définir ensuite un nom de template et choisissez le type de Hardware Arduino et la connexion Wifi.

Create New Template

NAME

Pilotage Led

HARDWARE   CONNECTION TYPE

Arduino   ∨   WiFi   ∨

DESCRIPTION

Nous allons piloter une led avec un bouton.

43 / 128

Cancel   Done

À ce stade, vous obtenez des informations importantes pour la suite. Vos identifiants de template et d'appareils ont été modifiés.

Allez, sur Web dashboard pour créer une interface permettant d'interagir avec la carte.

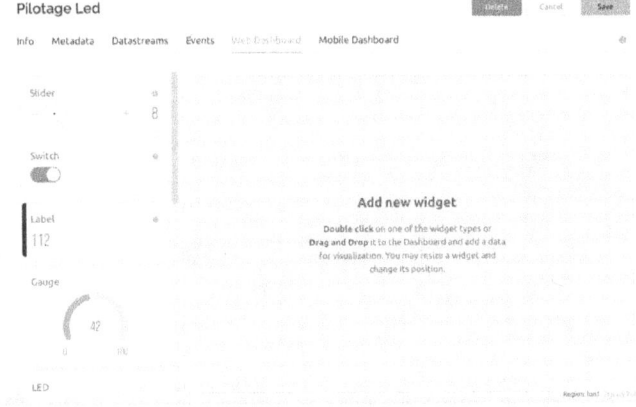

Depuis cette interface, vous pouvez ajouter des widgets qui sont des éléments de votre interface. Ici, nous ajoutons simplement un bouton qui servira à allumer ou éteindre la Led qui se trouve sur votre MKR1010.

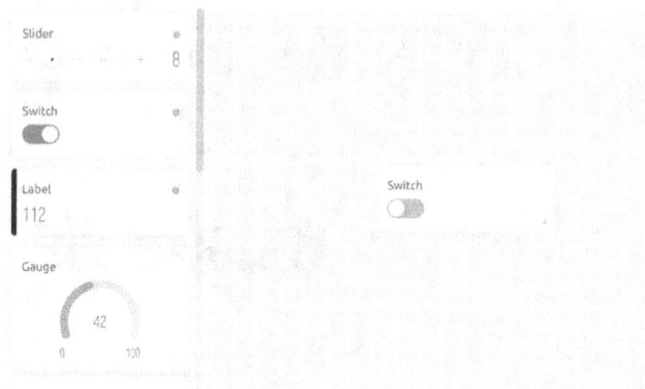

Déplacez le switch dans la fenêtre de droite puis cliquez sur paramètre (icone engrenage lorsque votre souris pointe sur le composant).

Choisissez un titre pour dans datastream vous allez pouvoir définir quelle broche du module sera concernée par le bouton.

Choisissez digital puis PIN 6 pour connecter via Blynk le bouton de votre interface web à la broche 6 du mkr1010.

Sauvegardez votre travail puis cliquez sur Template pour visualiser votre nouveau template.

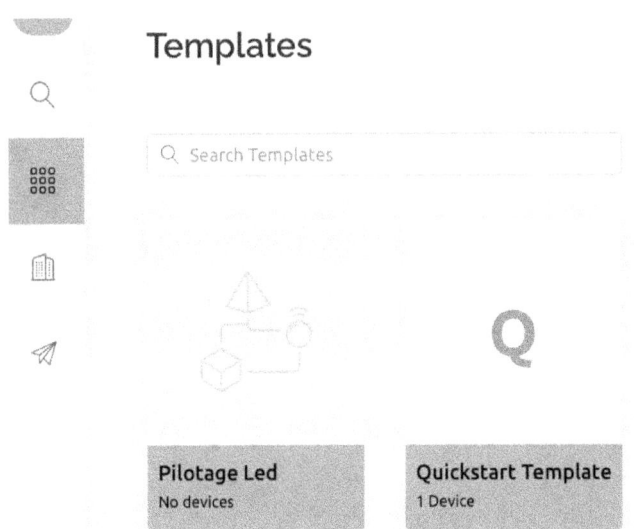

À ce stade, aucun n'appareil n'est connecté au template. Cliquez alors sur search devices puis New devices.

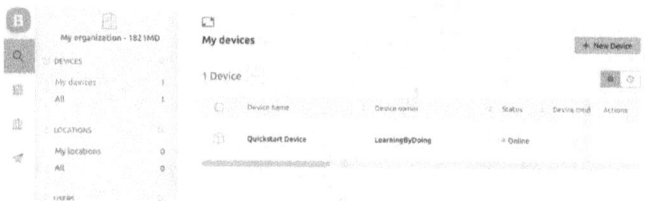

Ensuite, choisir à partir du template.

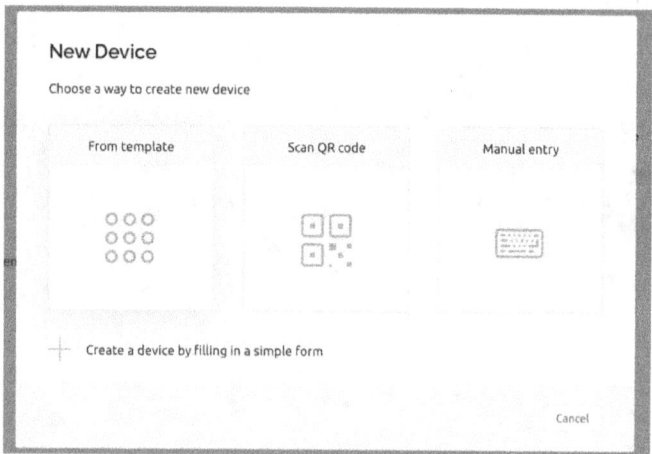

Donnez un nom à votre appareil.

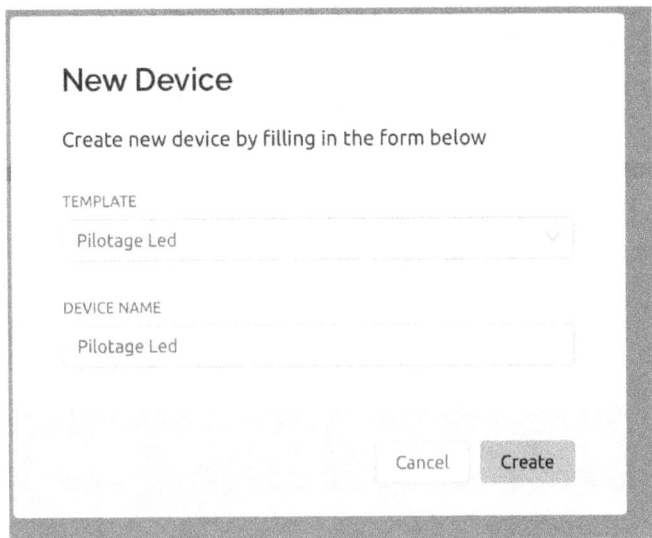

Enfin, cliquez sur create.

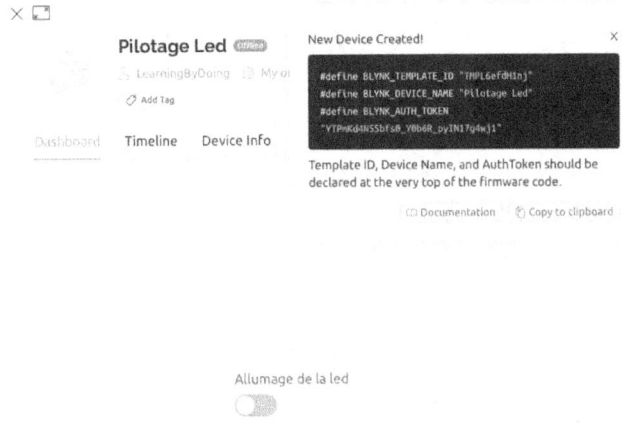

Vous obtenez alors les trois identifiants à modifier dans votre code arduino. Ils apparaissent en haut à droite sur fond noir. Vous pouvez les copier et remplacer puis uploader votre code Arduino sur votre module.

Votre composant doit désormais apparaitre en ligne.

Rendez-vous sur Search pour afficher votre template.

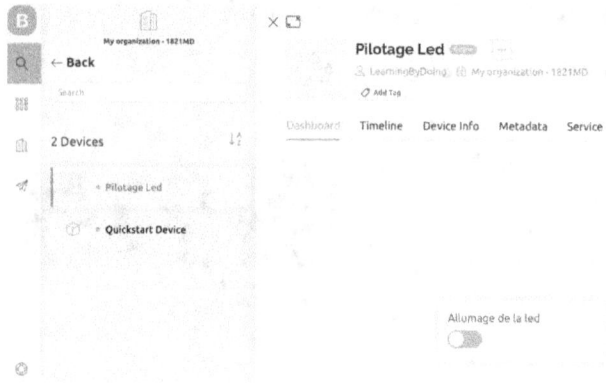

En cliquant sur l'interrupteur, vous devriez pouvoir piloter la Led du module. Celle-ci va s'allumer et s'éteindre en fonction de l'état de l'interrupteur.

Via l'application mobile

Ouvrez maintenant l'application mobile Blynk. En rafraichissant la page des templates, vous devriez voir apparaitre notre template « Pilotage Led » comme ci-dessous.

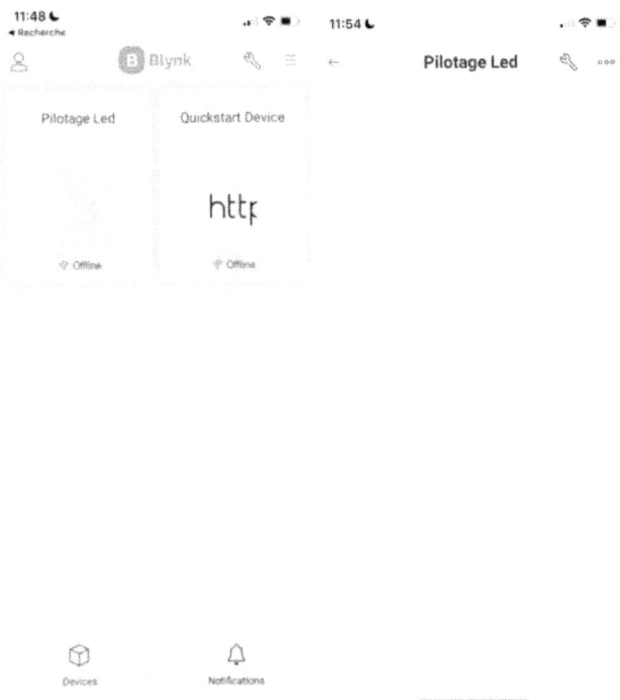

Ouvrez Pilotage Led, pour découvrir le template vide. Vous pouvez cliquer sur l'icône de paramètre puis sur le bouton + afin de faire apparaitre la liste des éléments que vous voulez intégrer à votre application. Attention, certains éléments ne sont pas accessibles depuis la version gratuite de l'application.

Nous allons créer un bouton depuis l'application mobile afin de piloter la LED. Cette action va permettre de contrôler directement le fonctionnement de la broche D8. Le reste du processus est invisible et ne nécessite aucun code supplémentaire. Dans le menu du widget, sélectionnez un simple bouton pour l'interface principale de l'application.

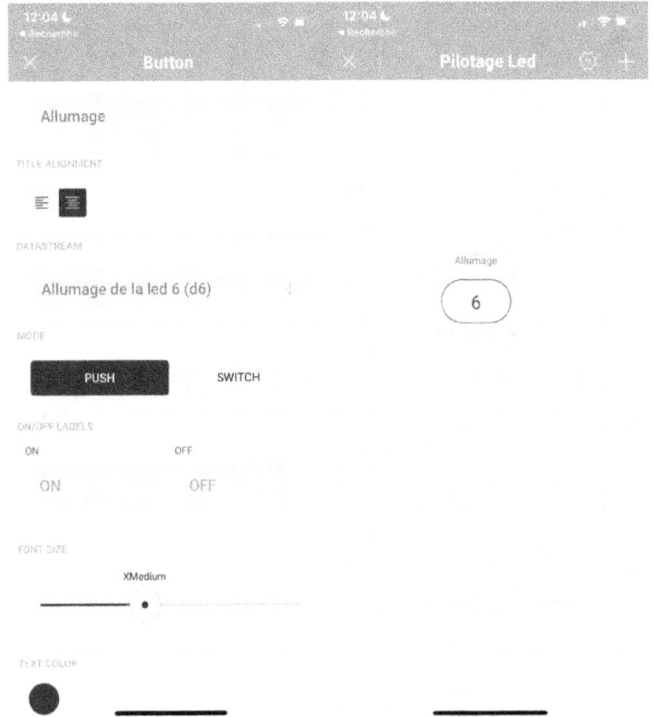

Vous pouvez désormais configurer le bouton en cliquant sur son icône. Depuis le nouvel écran, donnez un nom au bouton et choisissez la broche à laquelle vous souhaitez le connecter. Dans les paramètres du bouton, choisissez le datastream déjà créé « Allumage de la LED 6 ». Cette configuration vous permettra de piloter la LED intégrée sur le module (PIN D6). Vous pouvez toutefois choisir une autre broche digitale à laquelle sont connectées une LED et une résistance.

Validez, puis de retour sur votre template, appuyez sur la croix pour terminer. Vous pouvez alors tester le bouton et vérifier l'allumage de la Led.

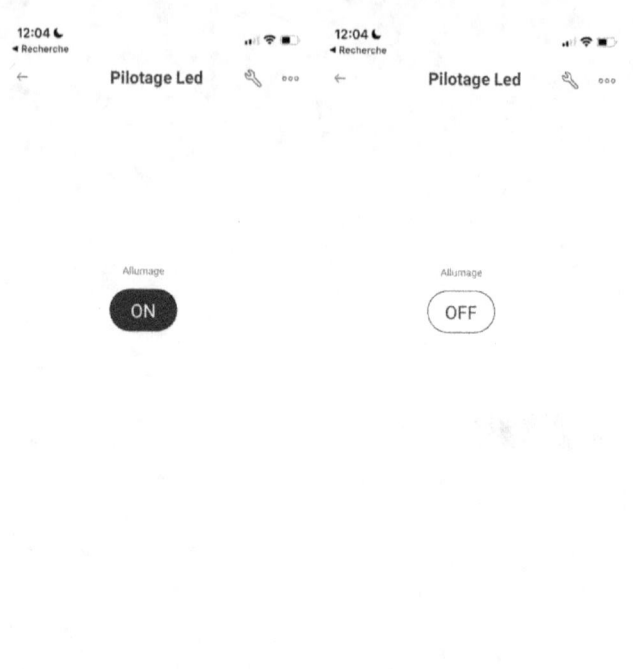

Si le module est alimenté et correctement configuré, vous pouvez piloter la LED en appuyant sur le bouton de votre application. Cette opération peut se faire à distance et sur des réseaux distincts. Vous pouvez donc piloter via le Cloud votre module. Désormais nous allons récupérer des données depuis votre station météo pour les afficher.

11.5 Pilotage de votre station météo

Nous allons préparer notre template web pour la réception des données de la carte. Ensuite nous ajusterons le code Arduino afin d'assurer la transmission des données.

Avant de débuter, il est important de comprendre le fonctionnement des broches virtuelles proposées par Blynk.

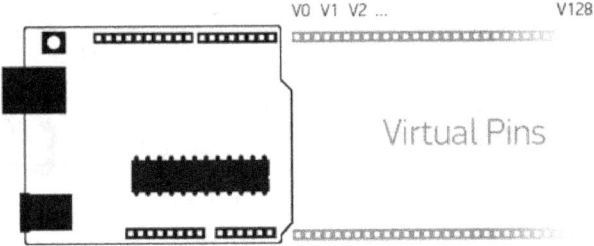

Afin de permettre au module Arduino et à l'application mobile de communiquer des données. Blynk fait appel à des **broches virtuelles**. Il s'agit de broches qui sont associées aux composants de l'interface mobile et qui seront aussi accessibles depuis le code du module. Elles n'existent pas sur le module et sont donc dénommées virtuelles.

Ainsi pour envoyer des données depuis le module vers l'application, on pourra écrire des valeurs sur des broches virtuelles.

Voici le processus qui est impliqué dans la transmission des données issues du capteur de température.

1. Le capteur de température transmet les données au microcontrôleur
2. Les données sont réceptionnées et lues
3. Les données sont transmises à une broche virtuelle p. ex. V0
4. Le widget de Blynk se connecte aux données de la broche virtuelle V0
5. Le widget affiche la jauge de température

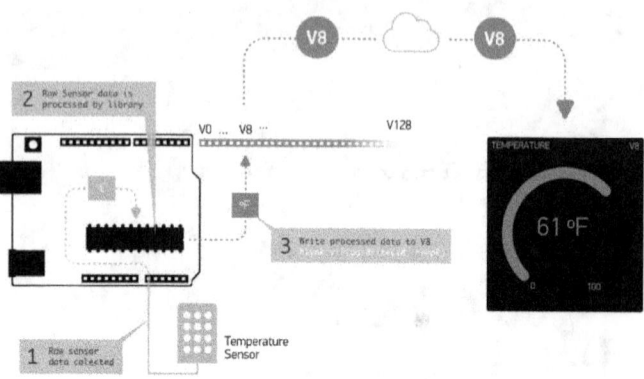

L'instruction permettant d'écrire des données sur une broche virtuelle est la suivante.

```
Blynk.virtualWrite(V0, valeur)
```

Cette instruction **ne doit** cependant **pas** être intégrée dans la boucle « loop ». Dans le cas contraire, Blynk sera inondé de millions de messages provenant de votre matériel. Il est nécessaire d'effectuer des mises à jour des valeurs uniquement de manière ponctuelle (toutes les N secondes). Pour cela nous allons utiliser un Timer.

```
BlynkTimer timer;
void monTimer()
{
  …
  Blynk.virtualWrite(V0, temperature);
}

void setup()
{
  …
  timer.setInterval(1000L, monTimer);
}

void loop()
{
  Blynk.run();
  timer.run();
}
```

L'usage de Blynk requiert le maintien de la fonction `loop` du code Arduino **aussi vide que possible**. Pourtant, vous souhaitez certainement effectuer des actions dans cette fonction (allumage d'une LED, envoi de données, lecture de données). Pour cela, il vous faudra utiliser les **timers**. Le timer va activer l'exécution d'une fonction avec une fréquence de temps définie (p. ex. toutes les secondes, toutes les minutes).

La boucle de votre code principal sera donc aussi simple que :

```
void loop() {
   Blynk.run();
   timer.run();
}
```

La création d'un timer, que nous avons déjà vu, se fait en deux temps, tout d'abord, l'inclusion de la librairie. Puis, la déclaration de la variable.

```
#include <BlynkSimpleWiFiNINA.h>
BlynkTimer timer;
```

Pour utiliser un timer, vous devrez créer une fonction qui contient l'ensemble des instructions que vous souhaitez exécuter régulièrement.
Vous pouvez alors déplacer les instructions de votre programme dans une fonction (par exemple la lecture des données du capteur) afin de maintenir la boucle toujours active.

Il faut ensuite associer le timer avec la fonction. Le timer sera associé à cette fonction lors de son initialisation dans la méthode `setup()`.

```
timer.setInterval(10000L,lecturecapteur);
//Pour lire les données toutes les dix secondes
```

Afin de réceptionner les données sous un format visuel, nous allons créer un nouveau template depuis l'interface web. Ce dernier contiendra la jauge de température.

Allez sur Web Dashboard pour créer votre dashboard. Ajoutez alors une jauge.

Dans les paramètres de la jauge, insérez un titre et ajoutez le datastream. Celui-ci sera configuré pour être connecté à la broche virtuelle V0, le type de données transmises sera Double pour permettre des valeurs décimales. Vous devez remplacer la valeur du maximum de la jauge par une valeur correspondant au maximum de température attendu dans votre région du globe (50° par exemple).

Vous pouvez améliorer votre interface en ajoutant une autre jauge pour l'humidité (V1). Pensez à modifier les valeurs maximales espérées. Nous pourrons également ajouter un label afin d'afficher la température perçue qui est un indicateur calculé sur la base de l'humidité et de la température (il est obtenu directement depuis la librairie). Pour améliorer le rendu visuel, vous pouvez changer la couleur de la jauge en fonction de la valeur de l'humidité comme indiqué ci-dessous.

Enfin, nous pouvons ajouter un SuperChart (data stream) qui permet l'affichage d'un histogramme de la température (via V0). Le SuperChart est personnalisable.

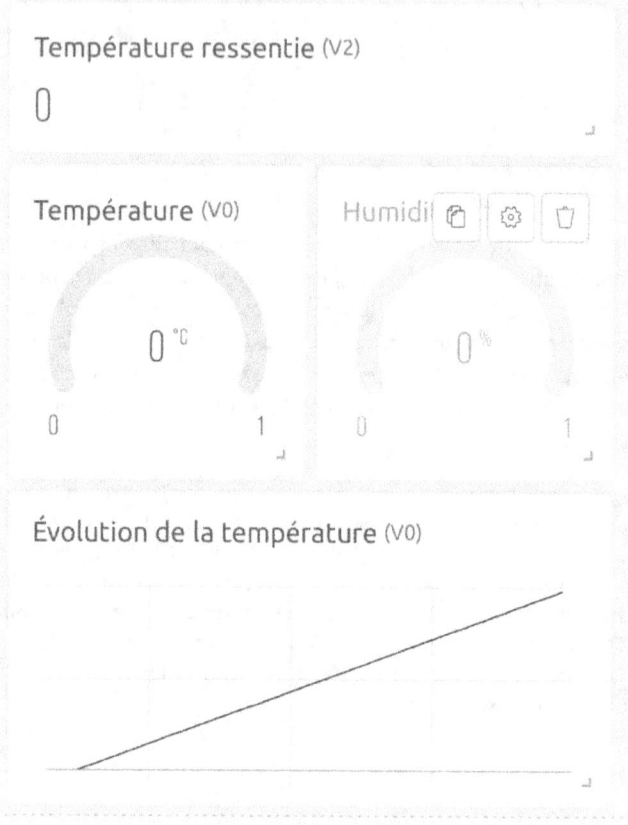

Nous devons combiner notre code de lecture des données du capteur avec celui de l'envoi et de la transmission à Blynk. Voici le code minimal nécessaire. Vous pouvez ensuite personnaliser votre projet pour étendre ses possibilités.

```
#include <SPI.h>
#include <WiFiNINA.h>
#define BLYNK_PRINT Serial
#define BLYNK_TEMPLATE_ID "à indiquer ici"
#define BLYNK_DEVICE_NAME "à indiquer ici"
#define BLYNK_AUTH_TOKEN "à indiquer ici"

#include <SPI.h>
#include <WiFiNINA.h>
#include <BlynkSimpleWiFiNINA.h>

#include "DHT.h"
#define DHTPIN 2
#define DHTTYPE DHT11

BlynkTimer timer;
DHT dht(DHTPIN, DHTTYPE);

char auth[] = BLYNK_AUTH_TOKEN;

char ssid[] = "à indiquer ici";
char pass[] = "à indiquer ici ";

void setup()
{
  // Debug console
  Serial.begin(9600);
  dht.begin();
  Blynk.begin(auth, ssid, pass);
  timer.setInterval(2000L, myTimerEvent);
}

void myTimerEvent()
{
  float h = dht.readHumidity();
  float t = dht.readTemperature();
  float hic = dht.computeHeatIndex(t, h, false);
  Blynk.virtualWrite(V0, t);
  Blynk.virtualWrite(V1, h);
  Blynk.virtualWrite(V2, hic);
}

void loop()
{
  Blynk.run();
  timer.run();
}
```

Testez le code, et finalisez votre station météo.

Si votre application fonctionne correctement, celle-ci devrait commencer à afficher les données comme indiqué dans l'image ci-dessous (depuis l'onglet search, devices choisir le device en question).

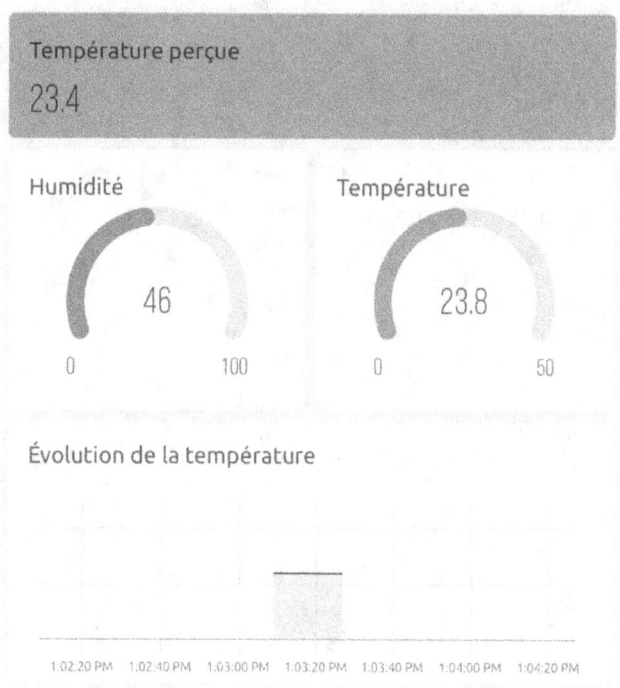

En paramétrant vos jauges et en soufflant sur le capteur de température, vous devrez pouvoir faire changer la couleur de fond du texte pour afficher des températures perçues critiques (voir image ci-dessous).

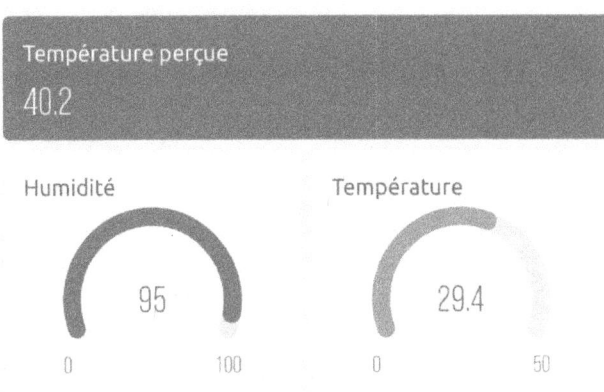

Si votre interface ne réagit pas, vérifiez les points suivants :

☐ Votre module est connecté à l'internet

☐ Votre module est connecté à Blynk (utilisez le moniteur série pour vérifier)

☐ Les données du capteur sont bien lues par le module

☐ Les broches virtuelles utilisées sont les bonnes

☐ Les données captées sont envoyées.

☐ Les paramètres des widgets visuels sont associés aux bonnes broches virtuelles.

☐ Les trois paramètres Blynk TEMPLATE_ID, DEVICE_NAME et AUTH_TOKEN sont corrects et indiqués tout en haut de votre code.

☐ Vous êtes bien dans l'onglet search et non dans l'onglet template.

Vous pouvez désormais reproduire les mêmes étapes sur l'application mobile Blynk afin de piloter votre station météo depuis un téléphone portable.

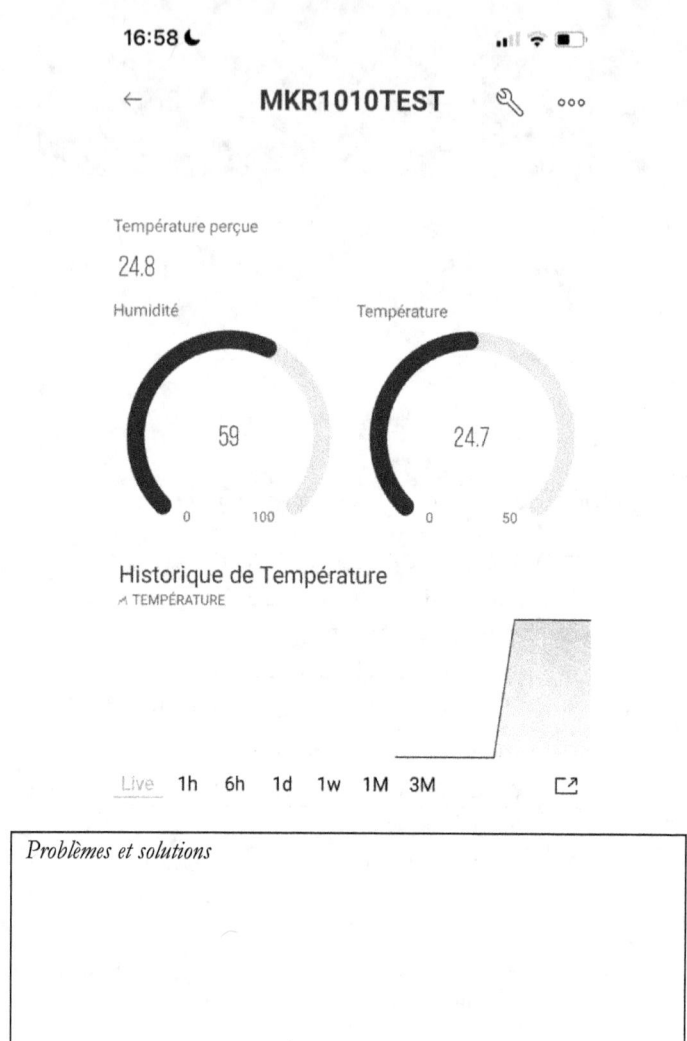

16:58 ☾   ⏹ 📶 ▬

← **MKR1010TEST** 🔧 ⋯

Température perçue

24.8

Humidité   Température

59   24.7

0   100   0   50

Historique de Température
⬈ TEMPÉRATURE

Live 1h 6h 1d 1w 1M 3M   ↗

Problèmes et solutions

12 AUTOMATISATIONS BLYNK

L'objectif de cette section est de vous indiquer comment améliorer votre projet Blynk avec les automatisations. Il s'agit de pouvoir générer des actions automatiquement en fonction de certaines situations.

Par exemple, vous souhaitez certainement être prévenu si votre station météo indique un risque de gel sur votre terrasse ou si la température devient trop élevée. Cela peut être réalisé sans code grâce à Blynk.

La forme générique des automatisations est la suivante :

QUAND : conditions **EFFECTUE** : action

Exemple de condition : **temperature > 40 /** : **temperature < 0**
Exemple d'action : **envoyer un mail / une notification mobile**.

Pour mettre en place les automatisations nous allons devoir configurer le datastream puis créer l'automatisation.

12.1 Configuration du datastream

Pour commencer, allez dans Template puis Cliquez sur l'onglet Édition et datastream. Vous devez retrouver les variables que nous avons définies dans les sections précédentes.

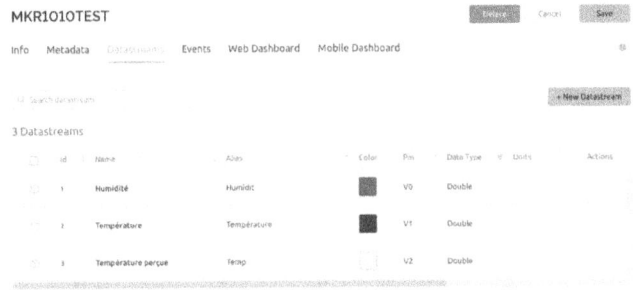

Choisissez la variable qui sera associée à l'automatisation. Par exemple la température afin de prévenir un risque de gel ou de fortes chaleurs. Ensuite, allez dans les paramètres avancés.

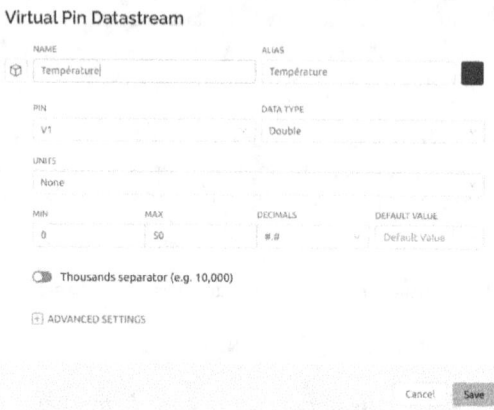

Activez, la disponibilité de la variable pour l'automatisation. Cliquez sur Disponible dans les conditions. Cela indiquera à Blynk que vous souhaitez utiliser la valeur de ce flux de données comme une condition de déclenchement d'un scénario.

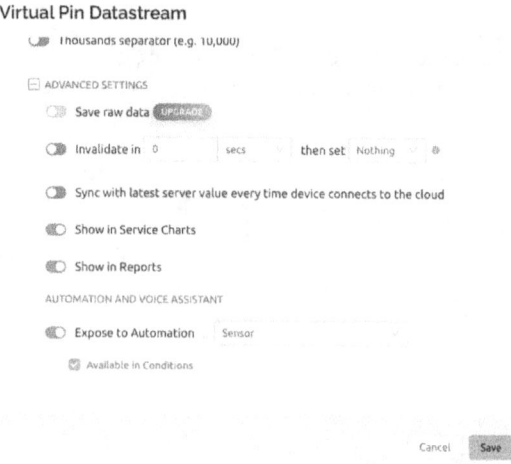

La température peut désormais être à l'origine d'un scénario d'automatisation. Vous pouvez sauvegarder votre template et mettre à jour ainsi l'appareil associé.

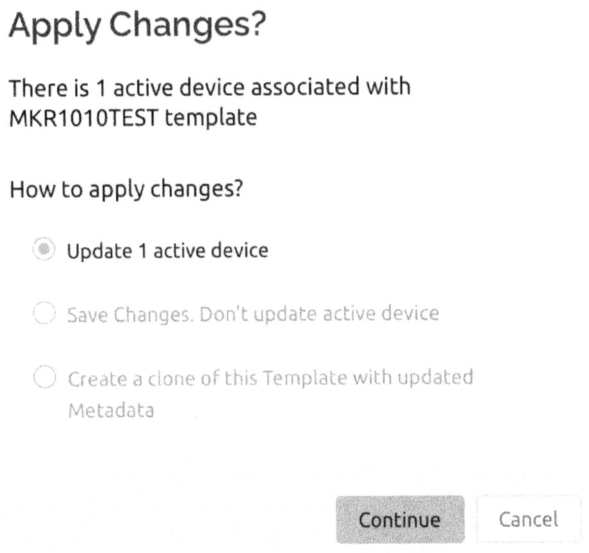

Apply Changes?

There is 1 active device associated with MKR1010TEST template

How to apply changes?

◉ Update 1 active device

○ Save Changes. Don't update active device

○ Create a clone of this Template with updated Metadata

[Continue] [Cancel]

12.2   Création de l'automatisation

Rendez-vous maintenant sur votre application mobile Blynk. Cliquez sur l'onglet Automations en bas de l'application puis sur ajouter une automatisation. Choisissez device state comme type de condition.

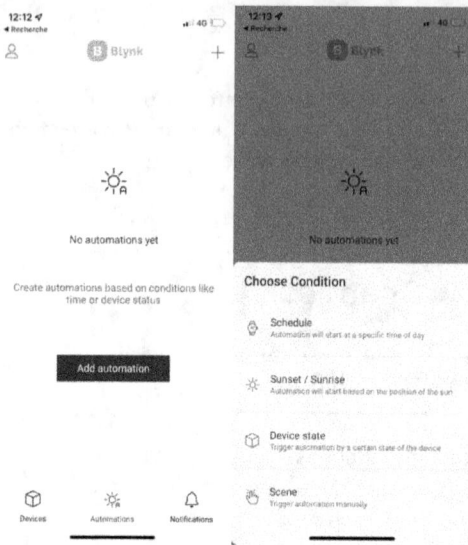

Ensuite, paramétrez le choix de la variable et la condition associée.

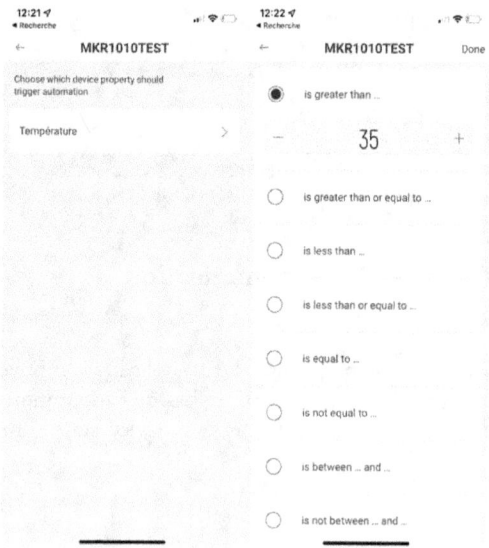

Vous pouvez alors définir l'action à mener dans le cas où la condition est satisfaite.

Nous allons choisir l'envoi de courriel puis renseigner l'expéditeur, le contenu et l'objet du mail à transmettre.

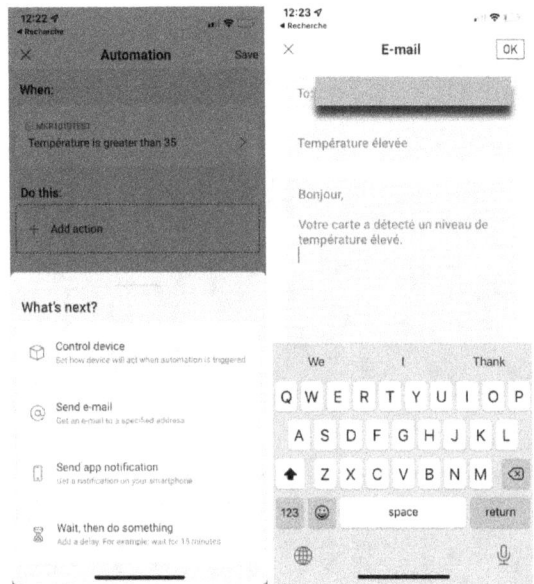

Afin de tester l'envoi du courriel, vous pouvez temporairement descendre la contrainte maximale à 30 degrés. Ainsi, en soufflant sur le capteur, vous pourrez déclencher l'événement.

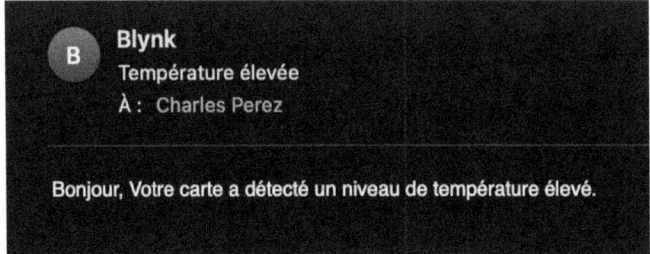

Vous pouvez désormais ajouter un deuxième événement afin d'envoyer une notification sur votre téléphone mobile lorsque la température est élevée. Vous pouvez également ajouter une contrainte de température basse.

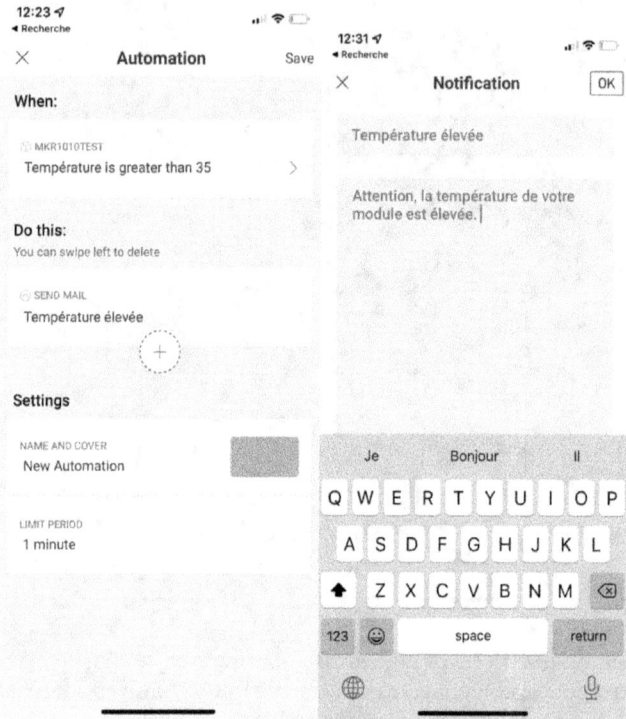

Vous devriez maintenant pouvoir recevoir des notifications mobiles.

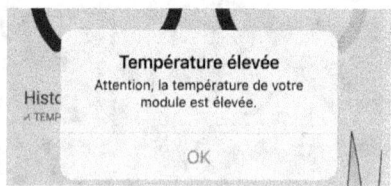

13 BONUS : AFFICHER LE PRIX DU BITCOIN

Dans cette section, nous allons explorer un exercice pratique qui vous permettra de récupérer en temps réel le prix du Bitcoin à l'aide d'un module Arduino MKR1010 connecté à Internet. L'objectif de cet exercice est d'exploiter l'ensemble de vos nouvelles connaissances sur un cas nouveau. Cela de l'affichage de la valeur actuelle du Bitcoin sur un écran LCD après l'avoir obtenue via une API en ligne. Cette application combine plusieurs concepts importants, dont la connectivité Wi-Fi, la récupération de données JSON depuis une API, et l'affichage sur un écran LCD.

La première étape consiste à connecter le module Arduino MKR1010 à un réseau Wi-Fi. Pour ce faire, nous utilisons la bibliothèque WiFiNINA, qui gère la connexion sans fil. Le programme commence par configurer le module pour se connecter au réseau spécifié par le SSID et le mot de passe. Tant que la connexion n'est pas établie, une boucle attend la réussite de cette connexion, indiquée par le changement de statut de WiFi.status().

```
#include <WiFiNINA.h>

const char* ssid = "SSID du réseau wifi";
const char* password = "mot de passe";

void setup() {
  Serial.begin(9600);

  // Connexion au Wi-Fi
  WiFi.begin(ssid, password);
  while (WiFi.status() != WL_CONNECTED) {
    delay(500);
    Serial.print(".");
  }
  Serial.println("WiFi connected");
}
```

12.1 Récupération des Données depuis l'API

Une fois la connexion Wi-Fi établie, le programme doit se connecter à l'API CoinGecko pour récupérer le prix du Bitcoin en dollars américains (USD). L'API de CoinGecko fournit des données JSON, qui sont un format de texte couramment utilisé pour l'échange de données entre un serveur et un client. Le programme utilisera la méthode WiFiSSLClient pour établir une connexion sécurisée avec l'API via le protocole HTTPS.

L'URL de l'API pour obtenir le prix du Bitcoin est la suivante (vous pouvez l'essayer dans un navigateur) : https://api.coingecko.com/api/v3/simple/price?ids=bitcoin&vs_currencies=usd

Pour en savoir plus sur l'API de coingecko, vous pouvez également lire la documentation à l'URL suivante : https://docs.coingecko.com/reference/introduction

Lorsque la connexion est réussie, une requête GET est envoyée à l'API pour obtenir les données sur le prix du Bitcoin. Le serveur répond alors avec une série de lignes de texte, y compris des entêtes HTTP suivis de la réponse JSON contenant les données. Le programme lit les lignes jusqu'à atteindre le contenu pertinent, c'est-à-dire le JSON contenant le prix du Bitcoin.

```
void loop() {
  if (sslClient.connect(host, httpsPort)) {
    sslClient.println("GET  " + String(url) + "  HTTP/1.1");
    sslClient.println("Host: " + String(host));
    sslClient.println("Connection: close");
    sslClient.println();

    while (sslClient.connected()) {
      String line = sslClient.readStringUntil('\n');
      if (line == "\r") {
        Serial.println("Headers received");
        break;
      }
    }
```

```
    // Ignorer la ligne indiquant la longueur du
contenu
    sslClient.readStringUntil('\n');

    // Lecture de la réponse JSON
    String line = sslClient.readStringUntil('\n');
    Serial.println(line); // Imprime la réponse JSON
pour le débogage
```

12.2 Traitement des Données JSON

La réponse JSON obtenue est ensuite traitée avec la bibliothèque ArduinoJson. Cette bibliothèque permet de parser facilement le JSON pour extraire la valeur spécifique qui nous intéresse, à savoir le prix du Bitcoin. Le JSON est chargé dans un DynamicJsonDocument, et la valeur du Bitcoin en USD est extraite et stockée dans une variable flottante.

```
    DynamicJsonDocument doc(1024);
    deserializeJson(doc, line);
    float price = doc["bitcoin"]["usd"];
    Serial.println(price);
```

12.3 Affichage sur l'Écran LCD

Enfin, le prix du Bitcoin est affiché sur un écran LCD 16x2. L'écran est d'abord nettoyé (lcd.clear()), puis le texte "BTC Price: USD" est affiché sur la première ligne. La seconde ligne de l'écran affiche le prix actualisé du Bitcoin. Cette opération se répète toutes les 60 secondes, laissant ainsi à l'écran suffisamment de temps pour montrer la valeur avant la prochaine mise à jour.

```
    lcd.clear();
    lcd.setCursor(0, 0);
    lcd.print("BTC Price: USD");
    lcd.setCursor(0, 1);
    lcd.print(price);
```

Le programme utilise la bibliothèque WiFiSSLClient pour établir une connexion sécurisée via HTTPS, indispensable pour accéder à des API comme celle de CoinGecko. La fonction sslClient.connect() tente de se connecter au serveur CoinGecko sur le port 443, standard pour les connexions HTTPS. Le prix du Bitcoin est mis à jour toutes les 60 secondes pour s'assurer que l'écran affiche toujours des informations récentes. Le code complet est indiqué ci-dessous :

```
#include <LiquidCrystal.h>
#include <WiFiNINA.h>
#include <ArduinoJson.h>

// Remplacez par vos informations de réseau Wi-Fi
const char* ssid = " ";
const char* password = "";

const char* host = "api.coingecko.com";
const int httpsPort = 443;
const         char*        url         =
"/api/v3/simple/price?ids=bitcoin&vs_currencies=usd"
;

const int rs = 7, en = 8, d4 = 9, d5 = 10, d6 = 11,
d7 = 12;
LiquidCrystal lcd(rs, en, d4, d5, d6, d7);
WiFiSSLClient sslClient;

void setup() {
  Serial.begin(9600);
  lcd.begin(16, 2);
  // Connexion au Wi-Fi
  WiFi.begin(ssid, password);
  while (WiFi.status() != WL_CONNECTED) {
    delay(500);
    Serial.print(".");
  }
  Serial.println("WiFi connected");
}

void loop() {

  if (sslClient.connect(host, httpsPort)) {
    sslClient.println("GET   "   +   String(url)   +   "
HTTP/1.1");
    sslClient.println("Host: " + String(host));
    sslClient.println("Connection: close");
    sslClient.println();

    while (sslClient.connected()) {
      String line = sslClient.readStringUntil('\n');
      if (line == "\r") {
        Serial.println("Headers received");
        break;
      }
    }
```

```
    // Ignorer la ligne indiquant la longueur du
contenu
    sslClient.readStringUntil('\n');

    // Lecture de la réponse JSON
    String line = sslClient.readStringUntil('\n');

    DynamicJsonDocument doc(1024);
    deserializeJson(doc, line);
    float price = doc["bitcoin"]["usd"];
    Serial.println(price);
    // Affichage du prix sur l'écran LCD
    lcd.clear();
    lcd.setCursor(0, 0);
    lcd.print("BTC Price: USD");
    lcd.setCursor(0, 1);
    lcd.print(price);
    sslClient.stop();
  } else {
    Serial.println("Connection failed");
    sslClient.stop();
  }
  delay(60000);
}
```

Un monde connecté

14 MON PROJET

Positionnez-vous maintenant en tant que concepteur d'un objet connecté qui collecte, traite et manipule des données.

Vos modules ARDUINO sont compatibles avec de nombreux capteurs et technologies (RFID, Bluetooth, WIFI, Infrarouge, etc.). Vous pouvez donc désormais innover et construire un prototype d'application basé sur cette boite à outils.

L'objectif principal du projet est de développer par vous-mêmes les compétences en informatique, en électronique, mais aussi en innovation et surtout de prendre plaisir à concevoir votre monde connecté !

Exemples de projets

Une boite aux lettres connectée. Un petit module positionné dans votre boite aux lettres vous transmet un courriel lorsque vous recevez un courrier.

Un métronome lumineux pour aider à vous endormir à l'aide de la cohérence cardiaque (p.ex. dodow).

Une lampe d'humeur qui change de couleur en fonction des opinions des internautes sur un sujet choisi ou du marché des cryptomonnaies.

Un compteur de « j'aime » ou de suiveurs sur les réseaux sociaux.

Un objet rendu connecté. N'hésitez à améliorer un objet en votre possession afin de lui ajouter de nouvelles possibilités grâce à vos compétences. Machine à café, ourson en peluche, etc.

Les lectures de la section 15 vous offriront de nombreuses idées.

Nous vous souhaitons bon courage !

Mon idée de projet :

_____

_____

_____

_____

_____

_____

_____

_____

_____

_____

Matériel Requis :

-
-
-
-
-
-
-
-
-
-

Schéma général de fonctionnement :

Retour d'expérience :

N'hésitez pas à partager vos projets sur les réseaux sociaux avec le
hashtag **#lbdarduino**

15 MOTS CROISÉS DE RÉVISION

Horizontal

2. / Nom de la fonction comportant le code d'initialisation

3. / Broche la plus longue d'une LED.

4. / Type de variable utilisé pour mémoriser un nombre décimal.

8. / Composant permettant de s'opposer au passage d'un

courant électrique.

9. / Mot-clé utilisé pour indiquer qu'une broche est en mode lecture.

Vertical

1. / Permet de générer des actions se déclenchant en fonction de certaines situations.

5. / Outil permettant de créer des interactions distantes avec des modules Arduino.

6. / Utilisé pour appeler une fonction régulièrement avec une certaine fréquence.

7. / Identifiant de votre réseau.

16 QUELQUES LECTURES

- Massimo Banzi. Démarrez avec Arduino : Principes de base et premiers montages, Dunod.
- Erik Bartmann. Le grand livre d'Arduino, Eyrolles.
- Atmospheric monitoring with Arduino, Building simple devices to Collect data about the Environment, patrick Di Justo & Emily Gertz, O'reilly.
- Arduino Robotics, technology in action, John-David Warren, Josh Adams, and Harakd Molle.
- Atmospheric monitoring with Arduino, Building simple devices to collect data about the environment, patrick Di Justo & Emily Gertz, O'reilly.
- Getting started with arduino, O'Reilly, Massimo Banzi. Learn electronic with Arduino, Don Wilcher, Technology in action
- Michael Margolis, Brian Jepson, et Nicholas Robert Weldin, Arduino Cookbook, O'Reilly, 2020.
- Le grand livre d'Arduino Bartmann, Erik, 2018, Eyrolles.
- Arduino : Applications avancées : Claviers tactiles, télécommande par internet, géolocalisation, applications sans fil... (Technologie électronique), Tavernier, Christian.
- Arduino pour les Nuls poche, 2e édition, Nussey, John, 2017, First Interactive.
- La boite à outils Arduino - 2e éd. - 120 techniques pour réussir vos projets : 120 techniques pour réussir vos projets, Margolis, Michael.

Dans la même collection

Learning by doing. *Un monde de données : Initiation sans prérequis au domaine de la donnée* de Charles Perez et Karina Sokolova.

Learning by doing. *Un monde en réseau : Initiation par la pratique à la théorie des graphes* de Charles Perez et Karina Sokolova.

Learning by doing. *Un monde sous Android : Initiation par la pratique au développement Android* de Karina Sokolova et Charles Perez.

Learning by doing. *Réussir son mémoire : Le guide pratique dédié aux étudiants en gestion* de Karina Sokolova et Charles Perez.

Learning by doing. *Un monde en cybersécurité : Initiation à la cybersécurité par la pratique* de Karina Sokolova et Charles Perez.

Si vous avez apprécié le livret, laissez-nous un commentaire !

Des mêmes auteurs

Nature numérique de l'homme

NATURE
NUMÉRIQUE
DE L'HOMME

Aux frontières entre organique et numérique

Charles Perez

Des hommes contrôlent des insectes avec des impulsions électriques pour les faire courir dans la direction de leur souhait. D'autres réécrivent les codes génétiques de la vie pour la simplifier, l'arranger ou la synthétiser. Certains travaillent pour créer une intelligence artificielle générale capable au moins de nous égaler. D'autres créent de nouveaux arts et de nouvelles œuvres s'appuyant sur les algorithmes, la nature, la musique. La vie nous souffle des partitions et des bactéries génétiquement modifiées récitent nos poèmes. Le grand livre de la nature ne nous a jamais révélé autant de secrets. Les technologies et les sciences nous ont offert une nouvelle manière de le lire, de s'en inspirer et même de l'écrire. Il était inimaginable que nos sciences et l'art s'inspirent, s'alimentent et représentent les reflets de la nature, de la réalité et de notre univers aussi bien. Il est encore plus surprenant d'observer l'homme jouer de son nouveau pouvoir de connaissance au point de rejouer certains scénarios, de renverser certains effets, et de se surpasser. Nous avons, peu à peu, et derrière une machine, fait évoluer tant de nous. L'art, la vie, le savoir, la mort sont des facettes auxquelles l'homme s'est toujours attaché. Des facettes qui se meuvent et s'émeuvent, qui paraissent et qui disparaissent. Une espèce hybride est née et nous offre une nature numérique, elle s'investigue tel un roman.

Prison numérique

PRISON NUMÉRIQUE

Mise en lumière de quelques nuances sombres de notre société numérique

Charles Perez, Karina Sokolova

Parution : le 18/09/20
Format : 15,5 x 24 cm
198 pages
ISBN : 978-2-343-20537-3
21,50 €

CHARLES PEREZ est ingénieur et titulaire d'un doctorat en informatique. Ses travaux de recherches concernent l'étude des réseaux sociaux et la grande transformation digitale.
KARINA SOKOLOVA est professeure associée en école de commerce. Elle est titulaire d'un doctorat en sécurité mobile. Ses travaux s'articulent autour des problématiques de confidentialité, de protection de la vie privée et du comportement utilisateur.

En à peine plus d'une génération, le numérique a pris une ampleur exceptionnelle. Le web, reflet de notre société sous cet aspect, est dit en danger par l'un de ses créateurs : Timothy John Berners-Lee. La désinformation, l'économie de l'attention, la surpersonnalisation, l'abus de biais cognitifs, la bulle de filtres et autres formes de manipulations font partie des nombreux sujets d'inquiétude. Ces dernières années, les acteurs clés du digital (Facebook, Google, Netflix, Twitter) — par le biais de certains repentis — ont mis en lumière, les pratiques sombres de leurs entreprises. Ils ont peu à peu crié leur inquiétude sur ce qu'ils ont fait du web. Cet ouvrage présente ces pratiques et propose un regard pour encourager une prise de conscience et un changement des codes.

Contact
promotion & presse
Fabien Aviet
01.40.46.79.23
fabien.aviet@harmattan.fr

Harmattan
Édition – Diffusion
5-7, Rue de l'École
Polytechnique 75005 Paris
commande@harmattan.fr
Tel. : 01 40 46 79 20
Fax : 01 43 25 82 03

Suivre les
Éditions l'Harmattan
www.editions-harmattan.fr